权威·前沿·原创

皮书系列为
"十二五""十三五"国家重点图书出版规划项目

甘肃气象保障蓝皮书

BLUE BOOK OF
METEOROLOGICAL SUPPORT IN
GANSU

甘肃农业对气候变化的适应与风险评估报告 (No.1)

ASSESSMENT REPORT ON ADAPTATION AND RISK OF
AGRICULTURE TO CLIMATE CHANGE IN GANSU (No.1)

主 编／鲍文中 周广胜
副主编／马鹏里 王润元 汲玉河

社会科学文献出版社
SOCIAL SCIENCES ACADEMIC PRESS (CHINA)

图书在版编目(CIP)数据

甘肃农业对气候变化的适应与风险评估报告. NO.1 / 鲍文中，周广胜主编. -- 北京：社会科学文献出版社，2017.12

（甘肃气象保障蓝皮书）

ISBN 978-7-5201-0565-1

Ⅰ.①甘… Ⅱ.①鲍… ②周… Ⅲ.①农业气象-气候变化-研究报告-甘肃 Ⅳ.①S162.224.2

中国版本图书馆CIP数据核字（2017）第063405号

甘肃气象保障蓝皮书

甘肃农业对气候变化的适应与风险评估报告 (No.1)

主　　编 / 鲍文中　周广胜
副 主 编 / 马鹏里　王润元　汲玉河

出 版 人 / 谢寿光
项目统筹 / 王　绯　周　琼
责任编辑 / 周　琼　崔红霞

出　　版 / 社会科学文献出版社·社会政法分社（010）59367156
　　　　　　地址：北京市北三环中路甲29号院华龙大厦　邮编：100029
　　　　　　网址：www.ssap.com.cn
发　　行 / 市场营销中心（010）59367081　　59367018
印　　装 / 北京盛通印刷股份有限公司

规　　格 / 开　本：787mm×1092mm 1/16
　　　　　　印　张：14.25　字　数：212千字
版　　次 / 2017年12月第1版　2017年12月第1次印刷
书　　号 / ISBN 978-7-5201-0565-1
定　　价 / 108.00元

皮书序列号 / PSN B-2017-677-1/1

编委会名单

主　编　鲍文中　周广胜

副主编　马鹏里　王润元　汲玉河

编　委（按姓氏拼音排序）

白虎志　鲍文中　陈　斐　方　锋　房世波

韩兰英　何奇瑾　贾建英　汲玉河　梁　芸

林婧婧　马鹏里　齐　月　申恩青　万　信

王鹤龄　王劲松　王　静　王润元　王　兴

王　莺　王有恒　王芝兰　姚玉璧　张　凯

赵　鸿　郑大玮　周广胜

主要编撰者简介

鲍文中 理学学士，高级工程师，毕业于南京大学气象系天气动力专业。现任甘肃省气象局党组书记、局长、《干旱气象》主编，主要从事大气科学及气候变化影响评估研究。

周广胜 理学博士，研究员，博士生导师。现任中国气象科学研究院副院长，主要从事全球变化对陆地生态系统影响研究。发表论文 300 余篇，其中 SCI 论文百余篇。曾获国家科技进步二等奖和中国科学院自然科学二等奖。

马鹏里 理学学士，正研级高级工程师。现任西北区域气候中心主任，主要从事气候变化影响研究和气象灾害风险评估、气候资源开发应用等方面的工作。发表论文 60 余篇，曾获省部级科技进步奖 4 项。

王润元 理学博士，研究员，博士生导师。现任中国气象局兰州干旱气象研究所副所长，主要从事气候变化对农业的影响、农业气象灾害及干旱半干旱区陆面过程试验研究。发表论文 100 余篇，其中 SCI（E）论文 10 余篇。曾获国家科技进步二等奖 1 项、省科技进步二等奖 3 项。

汲玉河 理学博士。现为中国气象科学研究院生态环境与农业气象研究所副研究员，主要从事农业气象灾害及其风险评估研究。发表论文 25 篇，其中 SCI 论文 10 篇；出版专著 3 部。

专题报告作者简介

白虎志 硕士，正研级高级工程师。现任甘肃省气象局科技处处长，主要从事气候与气候变化及其影响评估研究。

鲍文中 学士，高级工程师。现任甘肃省气象局党组书记、局长、《干旱气象》主编，主要从事大气科学及气候变化影响评估研究。

陈 斐 硕士，中国气象局兰州干旱气象研究所助理工程师。主要从事干旱气候变化对农业生态影响、干旱致灾机理等方面的研究。

方 锋 博士，西北区域气候中心副主任、高级工程师。主要从事气候变化影响评估与农业气象研究。

房世波 博士，中国气象科学研究院研究员，世界气象组织（WMO）农业气象学委员会（CAgM）专家组成员。主要从事农业遥感和气象灾害遥感、气候变化对农业的影响及其适应研究。

韩兰英 博士，西北区域气候中心高级工程师。主要从事干旱气象监测、气候变化影响评价和灾害风险评估研究。

何奇瑾 博士，中国农业大学资源与环境学院讲师。主要从事农业适应气候变化和农业气象灾害风险等相关研究。

贾建英 硕士，西北区域气候中心工程师。主要从事气候变化对农业的影响、农业气象灾害监测及风险评价研究。

汲玉河 博士，中国气象科学研究院生态环境与农业气象研究所副研究员。主要从事农业气象灾害及其风险评估研究。

梁 芸 学士，西北区域气候中心高级工程师。主要从事生态与农业气象业务服务工作，包括牧区植被变化及农业气象灾害监测。

林婧婧 硕士，西北区域气候中心工程师。主要从事气候变化影响评估、气候资源利用、极端天气气候监测、气象灾害影响评价等方面的研究。

马鹏里 学士，西北区域气候中心主任、正研级高级工程师。主要从事气候变化影响研究和气象灾害风险评估、气候资源开发应用等方面的工作。

齐 月 硕士，中国气象局兰州干旱气象研究所助理工程师。主要从事干旱气候变化对农业生态的影响、干旱致灾机理等方面的研究。

申恩青 学士，西北区域气候中心工程师。主要从事农业干旱、主要作物产量预报和农业病虫害方面的农业气象业务工作。

万 信 学士，西北区域气候中心正研级高级工程师。主要从事农业干旱、果树霜冻和小麦条锈病等方面的农业气象业务工作。

王鹤龄 博士，中国气象局兰州干旱气象研究所副研究员。主要从事生态与农业对气候变化的响应与适应、干旱致灾机理研究。

王劲松 博士，中国气象局兰州干旱气象研究所研究员。主要从事干旱监测预警和干旱区气候变化研究。

王　静　博士，中国气象局兰州干旱气象研究所副研究员。主要从事气象灾害风险评估研究。

王润元　博士，中国气象局兰州干旱气象研究所副所长、研究员。主要从事气候变化对农业的影响、农业气象灾害及干旱半干旱区陆面过程试验研究。

王　兴　硕士，西北区域气候中心高级工程师。主要从事应用气象服务、农业气象服务与作物种植气候风险评估研究。

王　莺　博士，中国气象局兰州干旱气象研究所副研究员。主要从事农业气象灾害风险评估研究。

王有恒　硕士，西北区域气候中心工程师。主要从事气候、气候变化监测与影响评估以及气象灾害监测与风险评估业务服务工作。

王芝兰　硕士，中国气象局兰州干旱气象研究所助理研究员。主要从事气候变化及气象干旱灾害风险评估研究。

姚玉璧　学士，甘肃省定西市气象局总工程师、正研级高级工程师，中国气象局兰州干旱气象研究所兼职研究员，中国气象学会干旱气象学委员会委员。主要从事农业气象及灾害风险评估研究。

张　凯　博士，中国气象局兰州干旱气象研究所副研究员。主要从事干旱半干旱区气候变化对农业的影响及适应技术、干旱致灾过程和机理研究。

赵　鸿　博士，中国气象局兰州干旱气象研究所副研究员。主要从事干旱气候变化的农业生态响应与适应技术对策、干旱监测和致灾等方面的研究。

郑大玮　中国农业大学资源与环境学院农业气象系教授、博士生导师。主要从事作物气象、农业减灾、农业适应气候变化的研究与教学工作。

周广胜　博士，中国气象科学研究院副院长、研究员，全球变化研究国家重大科学研究计划（973计划）项目首席科学家，国家杰出青年科学基金获得者。主要从事全球变化对陆地生态系统影响研究。

摘　要

本书系统地阐述了甘肃省气候变化、农业气候资源、农业气象灾害、农业种植制度、农业气象灾损及其风险的时空演变，探讨了甘肃省农业适应气候变化的对策措施，可为推动甘肃省农业可持续发展及气象精准扶贫脱贫提供决策依据。

1. 气候变化趋势

1961 年以来，甘肃省平均气温、平均最高气温和平均最低气温均呈上升趋势，且平均最高气温上升幅度最大，平均气温上升幅度最小。各季温度增温明显，其中冬季升温幅度最大，夏季升温幅度最小。平均年降水量和年日照时数均呈不显著减少的趋势。

2. 极端气候事件变化趋势

1961 年以来，极端最高气温除祁连山西段呈下降趋势外，甘肃省其他地区均呈升高趋势；日最高气温在 35℃ 及以上的日数除祁连山区和甘南高原北部外均呈增加趋势，增加速率为 0.3d/10a。年极端最低气温除酒泉市西北部外均呈升高趋势，其中甘南高原增温最为明显。最长连续无降水日数在河西中东部、陇中中北部和西南部、陇东东部、甘南中部均呈增加趋势。

3. 农业气候资源演变

1961 年以来，甘肃省日均气温稳定通过 0℃ 和 10℃ 的初日均呈不同程度的提前趋势，终日呈不同程度的推迟趋势。日均气温稳定通过 0℃ 和 10℃ 期间的降水量分布呈自东南向西部递减趋势，且在河西大部呈增多趋势，河东大部呈减少趋势；积温均呈显著增加趋势；日均气温稳定通过 0℃ 期间的

日照时数在甘肃大部呈增加趋势，日均气温稳定通过 10℃ 期间的日照时数在全省各地变化趋势不明显。

4. 农业气候资源变化对作物产量的影响

1980~2014 年，冬麦区生育期平均气温升高使单产减少 7.5%，气温日较差增大使单产减少 6.7%，降水量减少使单产减少 0.4%。春小麦平均气温升高使单产减少 4.3%，气温日较差减小使单产增加 0.7%，降水量增加使单产增加 0.1%。玉米生育期平均气温升高使单产减少 5.0%，气温日较差增大使单产减少 1.2%，降水量减少使单产减少 0.2%。1985~2014 年，马铃薯生育期平均气温升高使单产减少 1.8%，气温日较差减小使单产增加 0.3%，降水量减少使单产减少 0.3%。

5. 农业气象灾害演变

1961 年以来，甘肃省气象干旱发生频率与强度呈明显增加趋势，春旱与伏旱发生范围呈明显扩大趋势，春末夏初旱与秋旱发生范围呈明显缩小趋势。全省大风（站）日数总体呈减少趋势，但 2007 年后呈增加趋势；暴雨日数呈不显著减少趋势，主要出现在河东地区；霜冻（站）日数呈先增后减趋势，20 世纪 80 年代后减少趋势显著，其中初霜冻在 2005 年以来进入历史低值时段。

6. 农业气象灾损时空演变

1961 年以来，农业干旱灾害发展具有面积增大和危害程度加剧的趋势，干旱受灾、成灾和绝收率（25.2%、14.1% 和 2.2%）均明显高于全国平均水平（15.0%、8.1% 和 1.7%），增加速率（0.16%/10a、0.15%/10a 和 0.05%/10a）也高于全国平均水平。风雹灾害、暴雨洪涝灾害和低温冷害的综合损失率亦呈增加趋势，增加速率分别为 0.29%/10a、0.45%/10a 和 0.72%/10a。

7. 农业病虫草鼠害演变趋势及其影响

1981~2015 年，气候变化总体有利于甘肃省农业病虫草鼠害发生面积扩大，危害程度加剧。病虫草鼠害、病害、虫害、草害和鼠害发生面积率分别以 0.31/10a、0.20/10a、0.08/10a、0.06/10a、−0.03/10a 的速率变化。农区病害、虫害和鼠害的发生面积率主要受温度影响，草害发生面积率主要受降水日数影响。无论是单产还是总产，病虫害危害的可能损失递增率均为：马铃薯 > 玉米 > 小麦，马铃薯病害 > 虫害，玉米虫害 > 病害，小麦病害 > 虫害。因此，未来需高度关注马铃薯和玉米的病虫害，尤其是马铃薯病害和玉米虫害的影响，同时也需注意小麦病害对单产的影响，进行重点防控治理。

8. 农业种植制度演变及其影响

与 1951~1980 年相比，1981~2013 年一年两熟制作物可种植北界不同程度地北移，北移最大的地区有陇南、陇东和甘南高原。冬小麦种植北界不同程度地西扩，西扩最大的地区为河西地区和甘南高原。冬小麦、玉米、春小麦、马铃薯等一年一熟种植模式转变为冬小麦—夏玉米一年两熟种植模式的变化可使单产大幅增加，陇南地区的冬小麦、玉米、马铃薯增产率分别达 153.53%、65.13%、149.69%，陇中地区的冬小麦、玉米、春小麦、马铃薯增产率分别达 84.56%、91.27%、76.42% 和 83.02%。

9. 农业适应气候变化的对策措施

针对气候变化背景下甘肃省农业生产面临的农业气候资源新特点与农业气象灾害的新形势，本书提出了一系列气候资源高效利用的新模式，以有效缓解气候变化对农业生产的不利影响，甚至将不利影响转变为有效的资源，提升甘肃农业生产水平，服务于甘肃绿色扶贫脱贫。主要包括：优化土地利用格局，充分利用光热资源；调整作物种植制度，主动适应气候变化；选育适宜作物品种，科学应对暖干化与病虫害影响；调整作物复种指数，提高耕地资源利用效率；调整作物品种布局，充分利用水热资源优势；针对气候变化分异，调整农区生产管理方式。

Abstract

This book describes systematically the temporal and spatial evolution of climate change, agricultural climate resources, agricultural meteorological disaster, agricultural cultivation system, crop yield loss from agricultural meteorological disasters and agrometeorological disaster risk in Gansu Province, and discusses the countermeasures of agricultural adaptation to climate change, in order to promote the sustainable development of agriculture and to alleviate accurately the poverty.

1. Climate change tendency

Since 1961, the average temperature, average maximum temperature and average minimum temperature in Gansu province had been on the rising trend. The highest rising was the average maximum temperature, and the lowest was the average temperature. The temperature increased obviously in all the seasons. Among them, the temperature rising was the highest in winter and the lowest in summer. Both average annual precipitation and average annual sunshine hours showed no significant reduction trend.

2. Evolution trends in extreme climate events

Since 1961, the extreme maximum temperature showed increasing trend in Gansu province except in the west part of Qilian. The day number of the daily maximum temperature with more than 35℃ had been on the rising trend except the Qilian mountains and the north part of Gannan plateau, and the increase rate was about 0.3d/10a. The annual extreme minimum temperature showed increasing

trend except the northwest part of Jiuquan city, and the most obvious warming happened in Gannan plateau. The longest continuous days without rainfall also showed increasing trend in the middle−east part of Hexi, the middlenorth part and the southwest part of Longzhong, the east part of Longzhong and the middle part of southern Gansu.

3. Evolution trend of agricultural climate resources

Since 1961, the beginning dates with average daily temperature of more than 0℃ and 10℃ showed an advanced trend in different degree, and the ending dates showed a delay trend in different degrees. The precipitation with average daily temperature of more than 0℃ and 10℃ showed a decreasing trend from southeast to west. The precipitation showed an increasing trend in most part of Hexi and a decreasing trend in most part of Hedong. The accumulated temperature showed an obvious increasing trend. The sunshine hours with average daily temperature of more than 0℃ showed an increasing trend in most part of Gansu province, and the sunshine hours with average daily temperature of more than 10℃ did not show obvious change.

4. Effects of changes in agricultural climate resources on crop yield

During 1980~2014, increasing the average temperature during growth period in winter wheat region resulted in the decrease of yield by 7.5%; increasing the day range of temperature resulted in the decrease of yield by 6.7%; decreasing the average precipitation resulted in the decrease of yield by 0.4%. In the region of spring wheat, increasing the average temperature resulted in the decrease of yield by 4.3%; decreasing the day range of temperature resulted in the increase of yield by 0.7%; increasing the average precipitation resulted in the increase of yield by 0.1%. In the region of maize, increasing the average temperature resulted in the decrease of yield by 5.0%; increasing the day range of temperature resulted in the decrease of yield by 1.2%; decreasing the average precipitation resulted in the decrease of yield by 0.2%. During 1985~2014, increasing the average temperature of potato region

resulted in the decrease of yield by 1.8%; decreasing the day range of temperature resulted in the increase of yield by 0.3%; decreasing the average precipitation resulted in the decrease of yield by 0.3%.

5. Evolution trend of agricultural meteorological disasters

Since 1961, the occurrence frequency and intensity of meteorological drought in Gansu province showed an obvious increasing trend. The area of spring and summer drought showed an obvious increasing trend, while the area of drought occurred in late spring and early summer and autumn showed an obvious decreasing trend. The number of days (stations) with gale showed a decreasing trend as a whole, but showed an increasing trend after 2007. The number of days with heavy rain showed no significant decreasing trend, mainly in the region of Hedong. The number of frost days increased at first and then decreased, and decreased significantly after 1980s. Among them, the day number of the first frost became the minimum value since 2005.

6. Temporal and spatial evolution of agricultural meteorological disasters

Since 1961, the area and harm of the agricultural drought disaster increased significantly. The rates of drought disaster, drought hazard and total crop failure (25.2%, 14.1% and 2.2%) were significantly higher than the national average (15%, 8.1% and 1.7%), their increase rates (0.16%/10a, 0.15%/10a and 0.05%/10a) were also higher than the national average. The comprehensive loss rates of hail disaster, flood disaster and chilling injury also increased with the increase rate of 0.29%/10a, 0.45%/10a and 0.72%/10a.

7. Evolution trends and impacts of agricultural pests and diseases

During 1981−2015, climate change was conducive to expansion of agricultural pests and diseases in Gansu province, and to increase the negative effects. The occurrence areas of agricultural diseases, pests, weeds and rat damage increased at a rate of 0.31/10a, 0.20/10a, 0.08/10a, 0.06/10a, −0.03/10a. The occurrence area rates of agricultural diseases, pests and rat damages were mainly affected by temperature, and the occurrence area rate of weed was mainly affected by the number of days of precipitation. The loss rate of both yield per unit and total production from agricultural pests and diseases ranged as potato > maize > wheat. The diseases harmed more loss for potato and wheat than the pests, while the pests did more loss for maize than the diseases. Therefore, the more attention should be paid to the pests and diseases of potato and maize, especially the diseases of potato and the pests of maize in the future, and the diseases of wheat should also draw more attention in the future. These effects from pests and diseases should be taken as the focus of prevention and control.

8. Evolution trend and effects of the agricultural planting system

Compared with 1951−1980, the planting boundary of two crops one year moved northward in different degrees during 1981−2013. The regions with obvious changes included Longnan, Longdong and Gannan plateau. The northern boundary of winter wheat expaned westward in different degrees, and the regions with obvious changes included Hexi and Gannan plateau. The change from one crop one year cultivation pattern of winter wheat, spring wheat, maize, potato to two crops one year of winter wheat − summer maize could make the yield increase. The increasing yield rate reached about 153.53%, 65.13%, 149.69% for winter wheat, spring wheat and potato in Longnan and 84.56%, 91.27%, 76.42%, 83.02% for winter wheat, spring wheat, maize, potato in Longzhong.

9. Countermeasures of agricultural adaptation to climate change

In the light of the new characteristics of agricultural climate resources and new situation of agrometeorological disasters in Gansu province under the background of climate change, this book presented a series of new patterns of climate resource efficient utilization, in order to effectively alleviate the adverse effects of climate change on agricultural production, to promote the level of agricultural production and alleviate effectively poverty in Gansu province as soon as possible. The

countermeasures mainly included: the optimization of land use pattern, making full use of solar radiation and heat resources; adjustment of crop cultivation system, taking the initiative to adapt to climate change; breeding crop cultivars with high yield, good quality and strong resistance, coping scientifically with climate warming and pests and diseases; adjusting the multiple cropping index, improving the utilization efficiency of cultivated land resources; adjustment of crop planting area and species distribution, making full use of water and heat resources; emphasizing regional differentiation of climate change, scientific adjustment in production management.

目　录

B Ⅰ　总报告

B Ⅱ　专题报告

皮书数据库阅读**使用指南**

CONTENTS

B I   General Report

B II   Special Topical Reports

ⅢI 总 报 告

General Report

B.1

深挖气候潜力 助跑甘肃扶贫脱贫

摘 要：

　　气候变暖对甘肃农业生产的不利影响加剧，表现为作物生育期气候变化，农业干旱与病虫害加剧、影响加重、防控难度加大，新的灾害类型出现。同时，气候变暖也为甘肃农业生产变革提供了机遇，表现为热量资源丰富使一些地区作物产量增加明显，种植北界北移西扩有利于提高作物增产潜力。针对甘肃省农业生产面临的气候变化新特点与新形势创新气候资源高效利用的新模式，有助于缓解气候变化对农业生产的不利影响，从而提升甘肃的农业生产水平，为甘肃绿色扶贫脱贫服务。

关键词：

　　气候变化　农业气象灾害　种植制度　气候资源

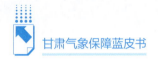

一　气候变暖对甘肃农业生产的不利影响加剧

甘肃省深居欧亚大陆腹地，地处黄土、青藏和蒙古三大高原交汇地带，地貌多以高原山地、河谷平川与沙漠戈壁为主，干旱半干旱区占全省面积的76%，是我国生态环境最为脆弱的省份之一，防灾抗灾基础异常薄弱。

作物生育期气候资源改变，作物产量受到显著影响。1980~2014年，冬小麦生育期平均气温升高使单产减少7.5%，气温日较差增大使单产减少6.7%，降水量减少使单产减少0.4%。春小麦生育期平均气温升高使单产减少4.3%，气温日较差减小使单产增加0.7%，降水量增加使单产增加0.1%。玉米生育期平均气温升高使单产减少5.0%，气温日较差增大使单产减少1.2%，降水量减少使单产减少0.2%。1985~2014年，马铃薯生育期平均气温升高使单产减少1.8%，气温日较差减小使单产增加0.3%，降水量减少使单产减少0.3%。

干旱化加剧，农业干旱灾害影响增大。1961年以来，甘肃省气候变暖速率达0.26℃/10年，高出全球均值1倍多；年降水量总体呈减少趋势。全省春旱发生频率呈明显增加趋势，春旱与伏旱发生范围呈明显扩大趋势。农业干旱灾害发展具有面积增大和危害程度加剧的趋势，特别是20世纪90年代以来，农业干旱等级均在中旱以上，且以特旱和中旱居多。全省农业干旱受灾、成灾和绝收率（25.2%、14.1%和2.2%）均明显高于全国平均水平（15.0%、8.1%和1.7%），且均呈增加趋势；增加速率分别为0.16%/10a、0.15%/10a和0.05%/10a，增速高于全国平均水平。全省各地都有干旱灾害损失发生，其中河东地区干旱灾害损失较大、范围较广。

农业病虫草鼠害加重，防控难度加大。1981~2015年，气候变化总体使甘肃省农业病虫草鼠害的发生面积呈增加趋势，危害加剧。病虫草鼠害、病害、虫害、草害和鼠害的发生面积率分别以0.31/10a、0.20/10a、0.08/10a、0.06/10a、−0.03/10a的速率变化。农区病害、虫害和鼠害的发生面积率主要受温度影响，草害发生面积率主要受降水日数影响。防治后，病虫害导致小麦、玉米和马铃薯的单产平均损失率分别为4.60%、2.61%和5.70%。在不防治病虫害的条件下，甘肃省小麦、玉米和马铃薯的平均单产可能损失率最大值分别为34.04%、18.89%和32.78%。

新的灾害类型出现，影响农业种植结构。甘肃过去以抗旱为主，现在夏秋风雹、强降水和春季低温冻害等灾害增多。1961年以来，风雹、暴雨洪涝和低温冷害的灾害综合损失率亦均呈增加趋势，增加速率分别为0.29%/10a、0.45%/10a和0.72%/10a。这些新的灾害类型使原先适于干旱少雨、高寒阴湿气候的避灾农业（如苹果、马铃薯、中药材及畜牧业等）面临产业调整。

二　气候变暖为甘肃农业生产变革提供了机遇

甘肃热量资源丰富，一些地区的作物产量增加明显。1981~2010年，冬小麦单产在陇中、陇东和陇南地区呈增加趋势，其中陇南增产幅度最大，达42.73公斤/亩。春小麦单产在陇中、陇东、陇南、河西地区均呈增加趋势，其中河西增产幅度最大，达47.74公斤/亩。玉米单产在五个地区（陇中、陇东、陇南、河西和甘南）均呈逐年增加趋势，其中河西增产幅度最大，达196.24公斤/亩。马铃薯在五个地区也均呈持续增产趋势，其中河西增产幅度最大，达144.00公斤/亩。

作物种植北界北移西扩，增产潜力剧增。与1951~1980年相比，1981~2013年甘肃省一年两熟制作物可种植北界不同程度地北移，北移最大的地区有陇南、陇东和甘南高原；陇南境内平均北移240km，东北部地区播种面积增加。冬小麦种植北界不同程度地西扩，西扩最大的地区为河西地区和甘南高原；河西地区平均西扩500km，甘南高原平均西扩420km。河西地区冬小麦种植北界西扩使界限变化区域的小麦平均增产2.28%，陇中和甘南地区则分别增产52.68%和3.69%。冬小麦、玉米、马铃薯一年一熟种植模式转变为冬小麦—夏玉米一年两熟种植模式的变化可使单产大幅增加，陇南地区增产率分别达153.53%、65.13%和149.69%，陇中地区增产率分别达84.56%、91.27%和83.02%。

三 创新甘肃扶贫脱贫的气候资源高效利用模式

气候变化已经对甘肃省农业生产产生了重大影响，既有有利的方面，也有不利的方面。针对气候变化背景下甘肃省农业生产面临的农业气候资源新特点与农业气象灾害的新形势，可以通过创新气候资源高效利用模式，趋利避害，最大限度地提升甘肃的农业生产水平，为甘肃绿色扶贫脱贫服务。

（一）优化土地利用格局，充分利用光热资源

甘肃省地处黄土、青藏和蒙古三大高原交汇地带，全省以干旱为特征，但光照充足，气温日较差大。为此，可以根据甘肃省各作物（春小麦、冬小麦、玉米、马铃薯、糜子、谷子等）的生物学特征、气象条件对产量的影响、作物种植风险评估提出甘肃省的主要作物生态气候综合区划，为充分开发利用光热资源、实现土地资源优化配置、有效促进甘肃农业可持续发展提供依据。

（二）调整作物种植制度，主动适应气候变化

根据甘肃农业现实和地形梯度的土地利用分布特征，结合气候变化对甘肃农业的影响及气候资源的新特点，综合考虑农业种植结构调整原则，提出甘肃省不同区域农业土地利用及优化种植结构调整方案，创立具有气候特色的干旱农业、灌溉农业、生态农业、旅游农业，发展棉花、马铃薯、糖料、瓜果、花卉、药材等优质农产品品牌，主动适应气候变化。

（三）选育适宜作物品种，科学应对暖干化与病虫害影响

受气候暖干化、种植业结构调整、极端气候条件等因素的影响，农作物流行性、突发性病虫害发生频次增多，新发生病虫（包括检疫性、危险性病

虫）对农业生产威胁加大。拟大力培育产量潜力高、品质优良、综合抗性突出、适应性广的优质良种，特别是充分发挥甘肃省在小麦、水稻、玉米、马铃薯等作物新品种选育和超高产栽培方面的优势，科学应对气候变化，提升粮食生产能力。

（四）调整作物复种指数，提高耕地资源利用效率

拟采取多种形式的带状间作为中心的保护性耕作技术，缓解气候变暖加剧的水资源供求矛盾。通过合理套作、间作、轮作增加复种指数，提高耕地的利用效率，包括条播作物留茬（如麦类、油菜等）与穴播作物（如马铃薯等）间作轮作技术，粮草间作轮作，田间间作和适宜的间作轮作组合。

（五）调整作物品种布局，充分利用水热资源优势

水资源是甘肃农业可持续发展的关键。拟合理安排和调整作物种植面积和布局，加强水热资源的合理开发利用和管理，变被动抗旱为主动防旱，管好、用好当地的水资源，充分利用大气降水。

（六）针对气候变化分异，调整农区生产管理方式

针对气候变化背景下甘肃农业的区域气候差异，拟因地制宜地调整作物播种期，即春播作物播种期适当提前，秋播作物播种期适度推迟；旱作区拟推广抗旱节水栽培技术，充分利用降水资源。拟保持灌溉农田的水盐平衡，维持农田生态环境用水，充分考虑农业生态环境的用水需求，采用大田集水、地膜覆盖、使用抗旱剂和抗旱品种、集水补充灌溉等多种方式节水调控措施。

（七）针对农业可持续发展特征，强调适应与减缓并举

适应和减缓是应对气候变化挑战的有机组成部分。为切实提高适应气候变化的能力，甘肃省需要继续优化能源节约和结构优化的减排政策，同

时要完善生态及防灾、减灾等重大基础工程建设。在确保粮食安全的前提下，压缩高耗水作物种植面积，实行农业补贴政策，实现农业经济和水资源安全协调发展，充分利用得天独厚的自然资源以及气候变化可能带来的有利因素和机遇，缓解气候变化可能造成的各种不利影响，推动甘肃农业可持续发展。

B Ⅱ 专题报告

Special Topic Reports

B.2
气候变化

一 气候变化趋势

（一）气温变化

1. 年际变化

1961~2015 年，甘肃省年平均气温、年均最高气温和年均最低气温分别为 7.9℃、14.8℃和 2.5℃，均呈波动式上升趋势（见图 1），升温速率分别为 0.282℃ /10a（P<0.001）、0.327℃ /10a（P<0.001）和 0.317℃ /10a（P<0.001）。其中，年均最高气温上升幅度最大，年均气温上升幅度最小。

2. 季节变化

1961~2015 年，甘肃省春季（3~5 月）、夏季（6~8 月）、秋季（9~11 月）和冬季（12~2 月）的平均气温、最高气温和最低气温均呈上升趋势（见表 1），但上升趋势略有差异，其中冬季升温幅度最大，夏季升温幅度最小（见图 2）。

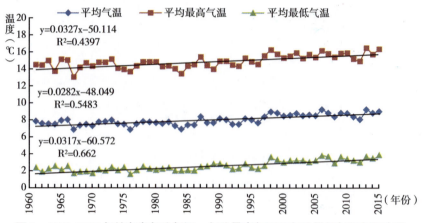

图1　1961~2015年甘肃省年均气温、年均最高气温和年均最低气温年际变化

表1　1961~2015年甘肃省年与季节的各温度要素变化趋势方程

	平均气温	平均最高气温	平均最低气温
年	y=0.0282x−48.049	y=0.0327x−50.114	y=0.0317x−60.572
春季	y=0.0270x−44.625	y=0.0347x−52.741	y=0.0244x−45.438
夏季	y=0.0180x−16.599	y=0.0185x−10.891	y=0.0282x−42.564
秋季	y=0.0278x−47.455	y=0.0371x−59.184	y=0.0282x−53.015
冬季	y=0.0395x−82.933	y=0.0401x−76.902	y=0.0433x−95.746

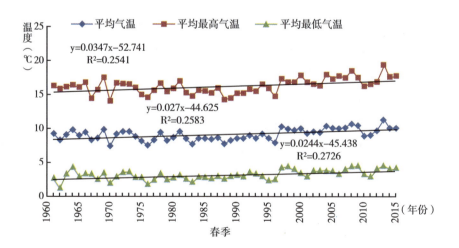

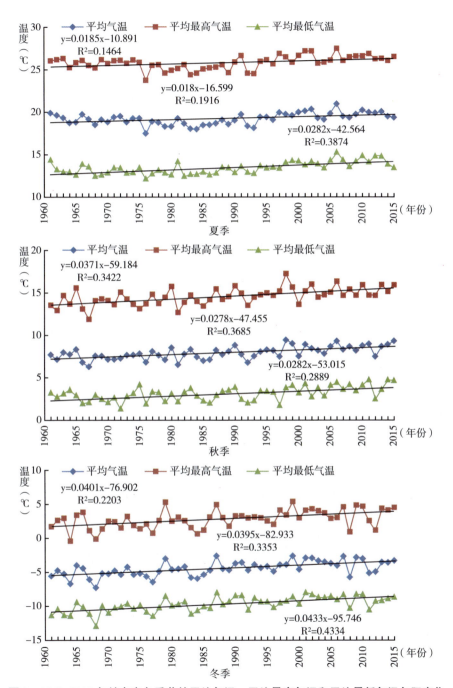

图 2　1961~2015 年甘肃省各季节的平均气温、平均最高气温和平均最低气温年际变化

3. 空间分布

年平均气温：1961~2015 年，甘肃省年平均气温为 0.2~15.1℃，在纬度与海拔共同作用下空间分布呈东南高、东北北部及西北次之、中南南部最低的分布格局（见图3）。祁连山区和甘南高原北部年平均气温在 4℃以下，白银市、平凉市、庆阳市、陇南市和天水市在 8℃以上，其余地区为 4~8℃。

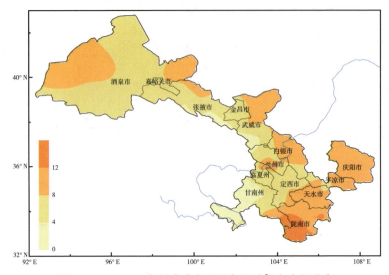

图 3　1961~2015 年甘肃省年平均气温（℃）空间分布

年平均最高气温：1961~2015 年，甘肃省年平均最高气温为 5.9~20.2℃，空间分布与年平均气温相似，呈东南高、东北北部及西北次之、中南南部最低的分布格局（见图4）。酒泉市西部、武威市北部、兰州市、白银市、平凉市东部、庆阳市、陇南市和天水市为 15~20.2℃，其余大部地区为 10~15℃。

年平均最低气温：1961~2015 年，甘肃省年平均最低气温为 –4.3~11.0℃，空间分布与年平均气温相似，呈东南高、东北北部及西北次之、北端及中南南部最低的分布格局（见图5）。祁连山区和甘南高原北部在 0℃以下，天水市和陇南市在 5℃以上，省内其余地区为 0~5℃。

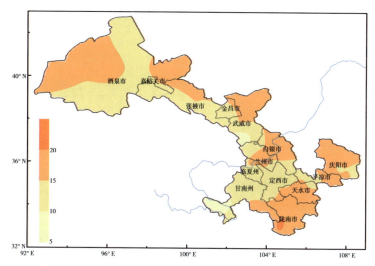

图4　1961~2015 年甘肃省年平均最高气温（℃）空间分布

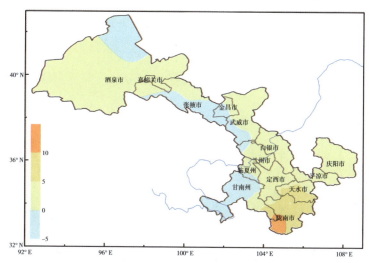

图5　1961~2015 年甘肃省年平均最低气温（℃）空间分布

（二）降水量变化

1. 年际变化

1961~2015 年，甘肃省年降水量总体呈波动式减少趋势（见图6）。甘肃省年平均降水量为 409.9mm，呈不显著减少趋势（−3.574mm/10a）。

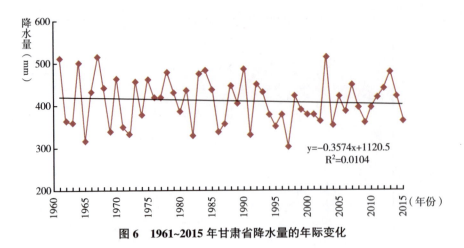

图6　1961~2015年甘肃省降水量的年际变化

2. 季节变化

1961~2015年，甘肃省冬季（12~2月）降水量呈增加趋势，春季（3~5月）和夏季（6~8月）降水量基本不变，秋季（9~11月）降水量呈弱减少趋势（见表2、图7）。

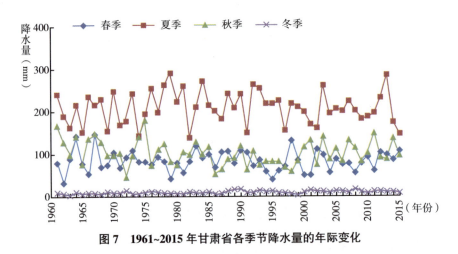

图7　1961~2015年甘肃省各季节降水量的年际变化

表2　1961~2015年甘肃省年与季节降水量变化趋势方程

	降水量拟合方程
年	y=−0.3574x+1120.5
春季	y=−0.0319x+147.61

续表

	降水量拟合方程
夏季	y=−0.0734x+357.34
秋季	y=−0.3228x+746.09
冬季	y=0.0735x−136.23

3. 空间分布

1961~2015 年，甘肃省年降水量为 40.8~772.4mm，空间分布基本呈东南向西北减少趋势，中部有一相对少雨带（见图 8）。临夏州、平凉市、庆阳市、天水市、陇南市和甘南州年降水量在 450mm 以上，祁连山区、兰州市、定西市为 250~450mm，其余地区在 250mm 以下，年降水量最少的地区（敦煌）仅有 40.8mm。

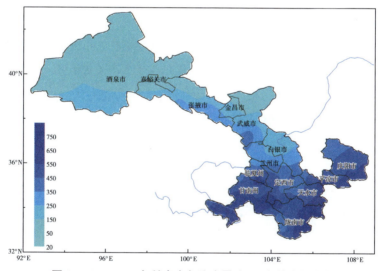

图 8　1961~2015 年甘肃省年降水量（mm）的空间分布

（三）日照时数

1. 年际变化

1961~2015 年，甘肃省年日照时数平均为 2216.5~2675.5h，且呈波动式减少趋势，减少速率为 −5.022h/10a（见图 9）。

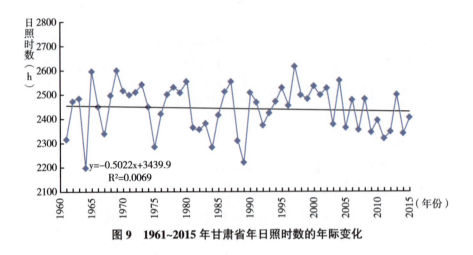

图9 1961~2015年甘肃省年日照时数的年际变化

2. 季节变化

1961~2015年，甘肃省春季（3~5月）日照时数呈明显增加趋势，秋季（9~11月）日照时数呈微弱增加趋势，夏季（6~8月）和冬季（12~2月）的日照时数呈减少趋势，其中夏季减少幅度远大于冬季（见表3、图10）。

表3 1961~2015年甘肃省年与季节日照时数变化趋势方程

	日照时数拟合方程
年	$y=-0.5022x+3439.9$
春季	$y=1.3509x-2026.6$
夏季	$y=-0.454x+1593.6$
秋季	$y=0.1508x+245.63$
冬季	$y=-0.1924x+942.56$

3. 空间分布

1961~2015年，甘肃省年日照时数为1627.4~3415.5h，空间分布呈东南向西北增加趋势（见图11）。陇南市年日照时数在1900h以下，定西市、平凉市、庆阳市、天水市和甘南州为1900~2500h，兰州市、白银市和临夏州东北部为2500~2800h，河西五市在2800h以上，其中酒泉市和武威市北部在3100h以上。

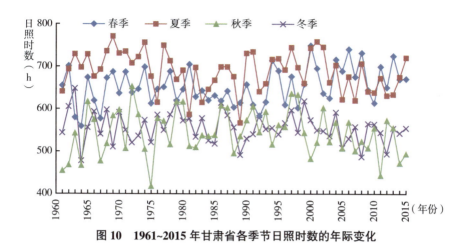

图10 1961~2015年甘肃省各季节日照时数的年际变化

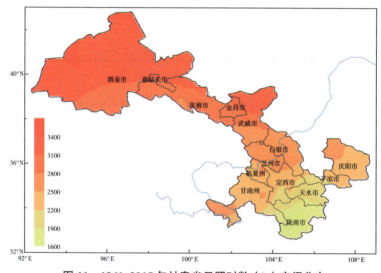

图11 1961~2015年甘肃省日照时数（h）空间分布

二 极端气候事件变化

（一）极端气温变化

1.极端高温变化

1961~2015年，甘肃省年累计极端高温站日数总体呈增加趋势（见图

12），增加速率为 2.532 日（站）/10a。极端高温除祁连山西段呈下降趋势外（下降速率为 0.01~0.27℃/10a），其他大部分地区均呈升高趋势，增加速率为 0.03~8.96℃/10a，其中酒泉市西北部和东部升高最明显，增加速率为 6.95~8.96℃/10a（见图 13）。

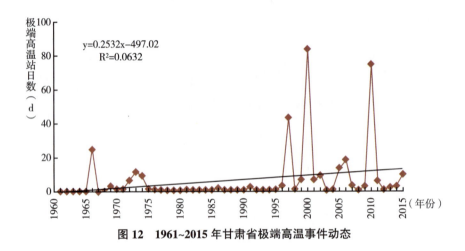

图 12　1961~2015 年甘肃省极端高温事件动态

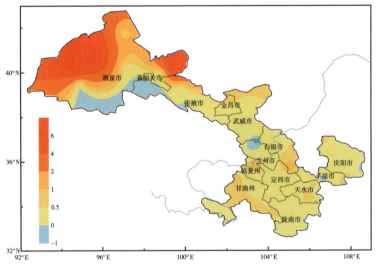

图 13　甘肃省极端高温气候倾向率分布（℃/10a）

2. 极端低温变化

1961~2015 年，甘肃省年累计极端低温站日数总体呈减少趋势（见图 14），减少速率为 2.18 日（站）/10a。酒泉市西北部的年极端最低气温呈明显下降趋势，下降速率为 0.03~5.61℃/10a；其他地区总体呈升高趋势，升高速率为 0.02~1.08℃/10a，其中甘南高原增温最为明显（见图 15）。

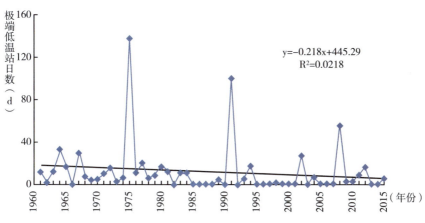

$$y=-0.218x+445.29$$
$$R^2=0.0218$$

图 14　1961~2015 年甘肃省极端低温事件动态

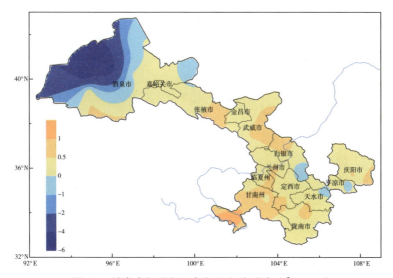

图 15　甘肃省极端低温气候倾向率分布（℃/10a）

3. 日最高气温 32℃及以上日数变化

1961~2015 年，甘肃省日最高气温 32℃及以上日数总体呈增加趋势（见图 16），增加速率为 1.101d/10a。除甘南高原北部有零星地区呈减少趋势外，其他地区总体呈增加趋势，增加速率为 0.05~6.22d/10a（见图 17）。

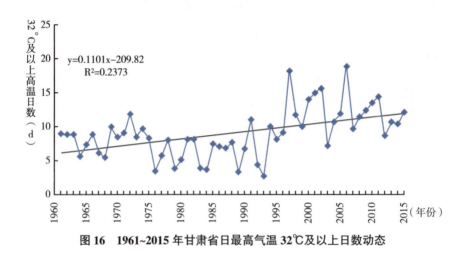

图 16　1961~2015 年甘肃省日最高气温 32℃及以上日数动态

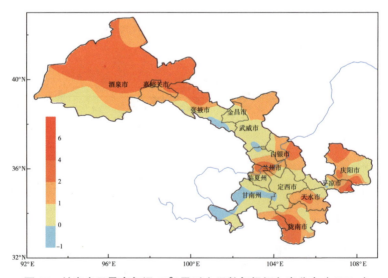

图 17　甘肃省日最高气温 32℃及以上日数气候倾向率分布（d/10a）

4. 日最高气温 35℃及以上日数变化

1961~2015 年，甘肃省日最高气温 35℃及以上日数总体呈增加趋势（见图 18），增加速率为 0.276d/10a。日最高气温 35℃及以上日数在祁连山区、甘南高原北部呈减少趋势，减少速率为 0.01~0.07d/10a；其他地区总体呈增加趋势，增加速率为 0.01~2.07d/10a（见图 19）。

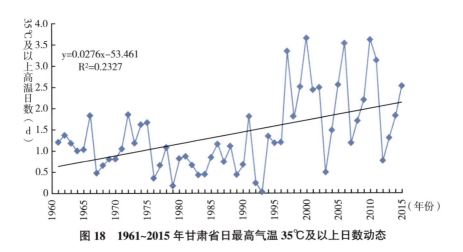

图 18　1961~2015 年甘肃省日最高气温 35℃及以上日数动态

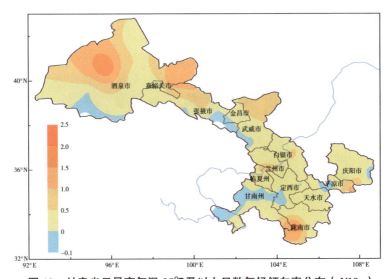

图 19　甘肃省日最高气温 35℃及以上日数气候倾向率分布（d/10a）

5. 日最低气温 −10℃及以下日数变化

1961~2015 年，甘肃省日最低气温 −10℃及以下日数总体呈减少趋势（见图 20），减少速率为 3.313d/10a。日最低气温 −10℃及以下日数在甘肃全省均呈减少趋势，其中河西、陇中、陇东和甘南高原减少最为明显，减少速率为 2.18~10.88d/10a，陇南为 0.03~1.84d/10a（见图 21）。

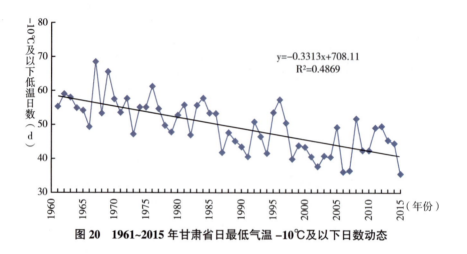

图 20　1961~2015 年甘肃省日最低气温 −10℃及以下日数动态

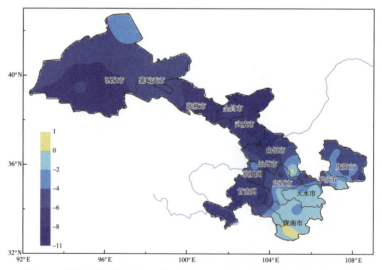

图 21　甘肃省最低气温 −10℃及以下日数气候倾向率分布（d/10a）

6. 日最低气温 –20℃及以下日数变化

1961~2015 年，甘肃省日最低气温 –20℃及以下日数总体呈减少趋势（见图 22），减少速率为 0.513d/10a。日最低气温 –20℃及以下日数在河西、甘南高原减少最为明显，减少速率为 0.51~4.51d/10a，其他地区变化不明显（见图 23）。

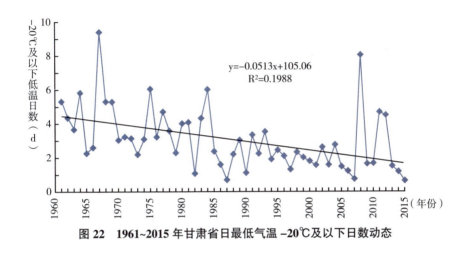

图 22　1961~2015 年甘肃省日最低气温 –20℃及以下日数动态

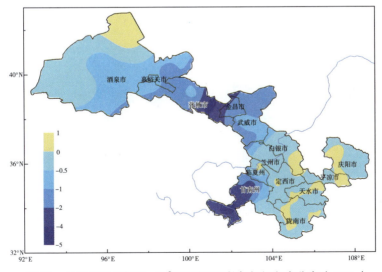

图 23　甘肃省最低气温 –20℃及以下日数气候倾向率分布（d/10a）

（二）极端降水变化

1. 极端日降水变化

1961~2015 年，甘肃省年累计极端日降水站日数总体呈弱增加趋势（见图 24），增加速率为 0.46 日（站）/10a。河西五市、平凉市东部、庆阳市北部和南部、陇南市南部、甘南高原西部的极端日降水量呈增加趋势，增加速率为 0.01~2.76mm/10a；其他地区呈减少趋势，减少速率为 0.01~2.42mm/10a（见图 25）。

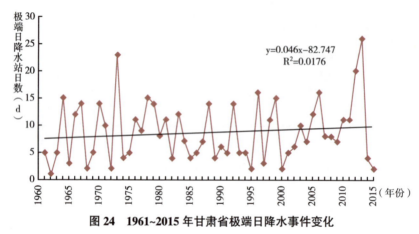

图 24 1961~2015 年甘肃省极端日降水事件变化

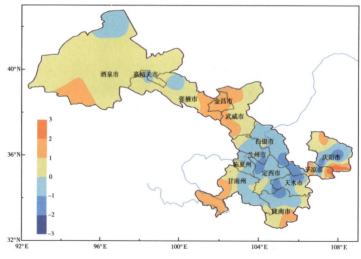

图 25 甘肃省极端日降水气候倾向率分布（mm/10a）

2. 最长连续降水日数变化

1961~2015 年，酒泉市大部、张掖市东部、金昌市、武威市大部和兰州市北部的最长连续降水日数呈增加趋势，增加速率为0.01~0.61d/10a；其他地区呈减少趋势，减少速率为0.03~1.36d/10a，其中甘南州减少最为明显，减少速率为0.73d/10a（见图26）。

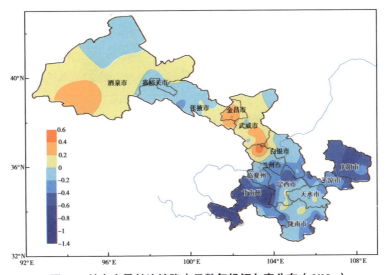

图26 甘肃省最长连续降水日数气候倾向率分布（d/10a）

3. 最长连续无降水日数变化

1961~2015 年，最长连续无降水日数在酒泉市北部、张掖市东部、金昌市、武威市、兰州市、白银市、定西市南部、庆阳市、临夏州和甘南州中部均呈增加趋势，增加速率为0.02~4.99d/10a；其他地区呈减少趋势，减少速率为0.01~2.15d/10a（见图27）。

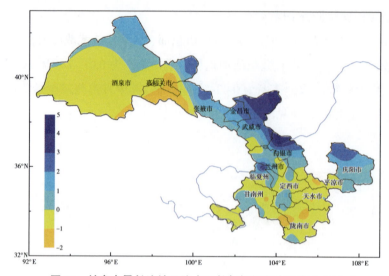

图27　甘肃省最长连续无降水日数气候倾向率分布（d/10a）

B.3

BLUE BOOK

农业气候资源演变及其影响

一　农业气候资源演变

（一）80%保证率下日均气温稳定通过0℃和10℃的持续日数

1.80%保证率下日均气温稳定通过0℃和10℃的初日

1961~2015年，日均气温稳定通过0℃和10℃的初日从南到北、从低海拔河道川区向丘陵高山逐渐推迟。日均气温稳定通过0℃的初日总体呈提前趋势（见图1）。关于日均气温稳定通过0℃的初日，陇南市开始较早，北部大多在2月上旬开始；天水市大部及平凉市的崇信、泾川于2月底3月初逐渐开始；河西走廊及陇中、陇东大部在3月中下旬开始；祁连山区、甘南高原及华家岭等高海拔地区从4月中旬开始陆续通过0℃。

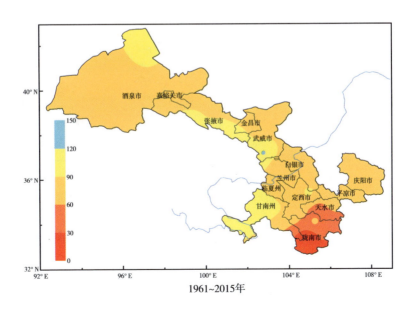

1961~2015年

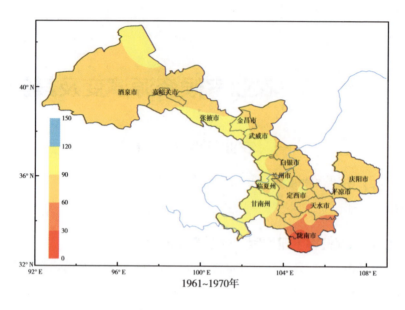

1961~1970年

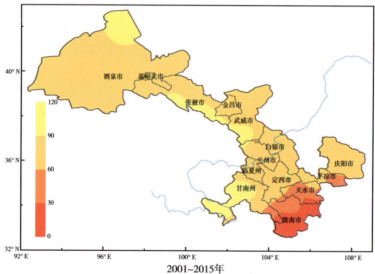

2001~2015年

图1　80%保证率下日均气温稳定通过0℃的初日（日序）空间分布

　　1961~2015年，日均气温稳定通过10℃的初日总体呈提前趋势（见图2）。关于日均气温稳定通过10℃的初日，陇南市南部的文县、武都出现最早，在3月底已稳定通过10℃；河西走廊川区、陇南市北部、天水市大部及平凉市河谷川区在 4 月中下旬陆续通过；河西半山区、陇中大部、陇东大部在 5 月底前通过；甘南高原东北部在 6 月下旬陆续通过，西南部的玛曲在 7 月中旬末才稳定通过 10℃。

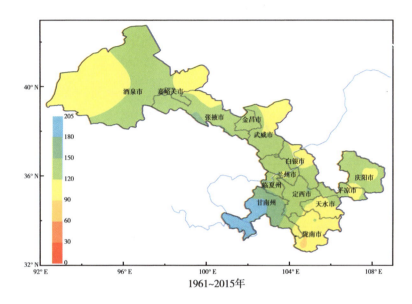

1961~2015年

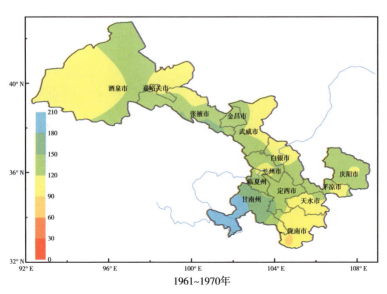

1961~1970年

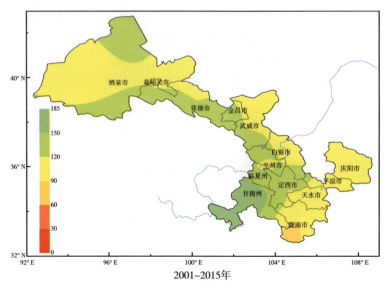

图2 80%保证率下日均气温稳定通过10℃的初日（日序）空间分布

2. 80%保证率下日均气温通过0℃和10℃的终日

1961~2015年，80%保证率下甘肃省日均气温稳定通过0℃和10℃的终日的出现日期空间分布与初日相反，从北到南、从丘陵高山向低海拔河道地区逐渐推迟。日均气温稳定通过0℃的终日总体呈推迟趋势（见图3）。祁

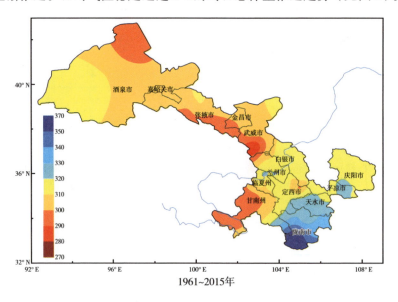

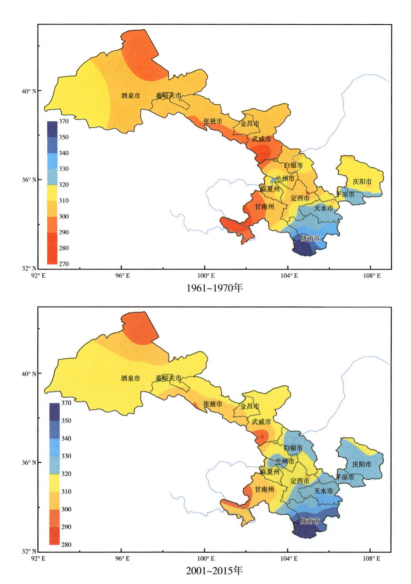

图3 80% 保证率下日均气温稳定通过 0℃的终日（日序）空间分布

连山区、甘南高原及华家岭等高海拔地区，日均气温稳定通过 0℃的终日在10 月中下旬结束；河西走廊、陇中、庆阳市、平凉市西北部在 11 月上中旬结束；平凉市东南部、天水市大部、陇南市中北部于 11 月下旬结束；陇南市南部的武都、文县全年日均气温均在 0℃以上。

1961~2015年，日均气温稳定通过10℃的终日总体呈推迟趋势（见图4）。祁连山区、甘南高原及华家岭等高海拔地区日均气温稳定通过10℃的终日在9月上旬结束；河西走廊、陇中、陇东及天水市大部在9月中旬至10月上旬陆续结束；陇南市中北部于10月中旬结束；陇南市南部在11月上旬结束。

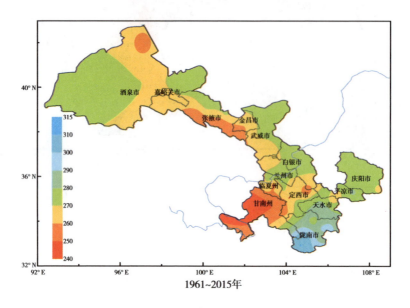

1961~2015年

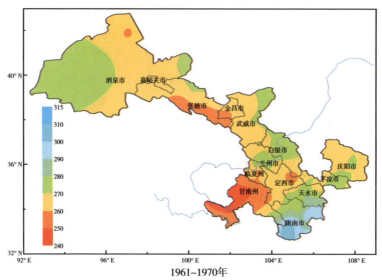

1961~1970年

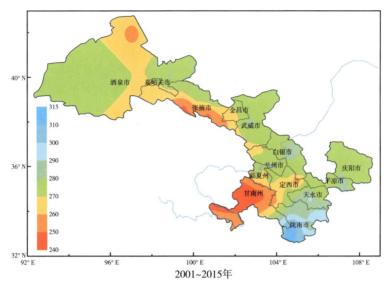

2001~2015年

图 4　80% 保证率下日均气温稳定通过 10℃的终日（日序）空间分布

3. 80% 保证率下日均气温稳定通过 0℃和 10℃的持续日数

1961~2015 年，80% 保证率下甘肃省日均气温稳定通过 0℃和 10℃的持续日数从南到北、从低海拔河道川区向丘陵高山呈逐渐减少趋势。日均气温稳定通过 0℃的持续日数呈增加趋势（见图 5）。祁连山区、甘南高原及

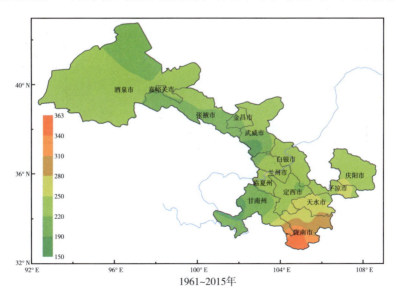

1961~2015年

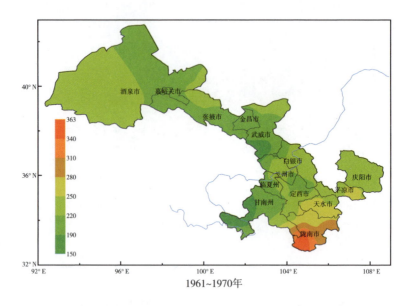

1961~1970年

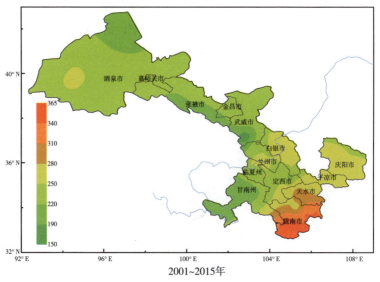

2001~2015年

图5　80%保证率下日均气温稳定通过0℃的持续日数（d）空间分布

华家岭等高海拔地区日均气温稳定通过0℃的持续日数为190~220d；河西
走廊、陇中、陇东大部为221~250d；天水市大部及陇南市北部为251~300d；
陇南市南部为301~362d。

1961~2015 年，日均气温稳定通过 10℃的持续日数总体呈增加趋势（见图 6）。祁连山区、甘南高原及华家岭等高海拔地区的日均气温稳定通过 10℃的持续日数最短，为 50~100d；河西中东部、陇中、陇东大部为 101~150d；河西西部、天水市大部、陇南市北部为 151~200d；陇南市南部为 201~230d。

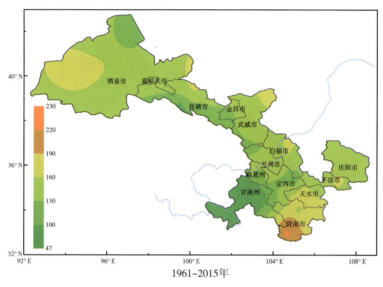

1961~2015年

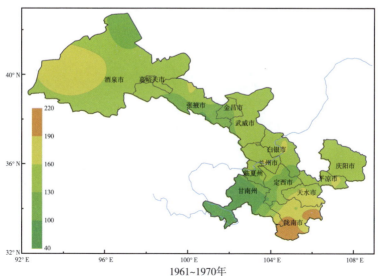

1961~1970年

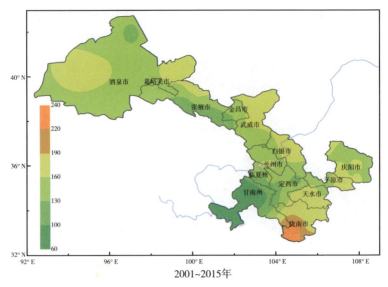

2001~2015年

图6 80%保证率下日均气温稳定通过10℃的持续日数（d）空间分布

（二）80%保证率下日均气温稳定通过0℃和10℃的降水量

1961~2015年，80%保证率下日均气温稳定通过0℃和10℃的各年代降水量空间分布呈从东南向西部递减的趋势，且在河西大部呈增多趋势、河东大部呈减少趋势（见图7、图8）。20世纪60年代，河西走廊及白银市北部

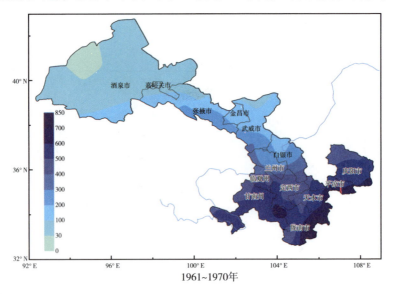

1961~1970年

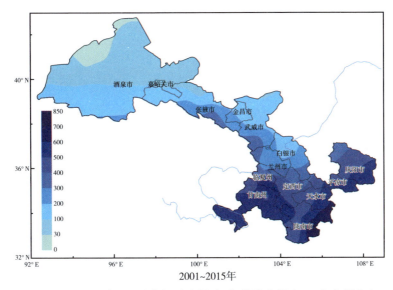

2001~2015年

图7　80% 保证率下日均气温稳定通过 0℃的降水量（mm）空间分布

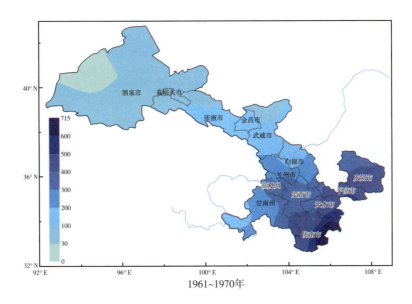

1961~1970年

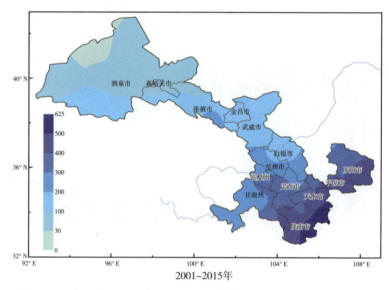

2001~2015年

图8 80%保证率下日均气温稳定通过10℃的降水量（mm）空间分布

的景泰的降水量在200mm以下，向西北逐渐递减，酒泉市西部仅为30mm左右。祁连山区及河东大部的降水量都在200mm以上，大致趋势为从西北向东南逐渐增加，其中陇中大部、庆阳市北部、天水市西部及陇南市的西南部为200~500mm；庆阳市南部、平凉市、天水市东部、甘南州、临夏州南部及渭源等地的降水量为501~600mm；陇南市东部及岷县、正宁、华亭、灵台为601~830mm。

（三）80%保证率下日均气温稳定通过0℃和10℃的积温

1961~2015年，80%保证率下日均气温稳定通过0℃和10℃的各年代积温空间分布总体呈自东南向西北，由河川、谷地向高海拔山区递减的趋势，且在全省各地均呈明显增加趋势（见图9、图10）。20世纪60年代，甘肃全省日均气温稳定通过0℃的积温在甘南高原和祁连山区较少，为1200~2400℃·d；陇南南部及河西走廊西部较多，大部地区为4001~5500℃·d，局部在5500℃·d以上；其余大部（河西走廊中东部、陇中、陇东、陇南北部）多为2401~4000℃·d。

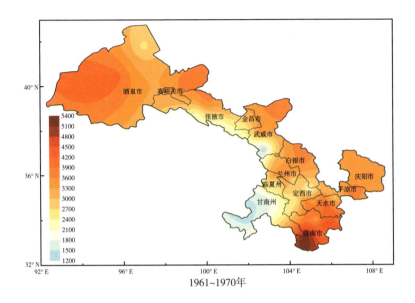

1961~1970年

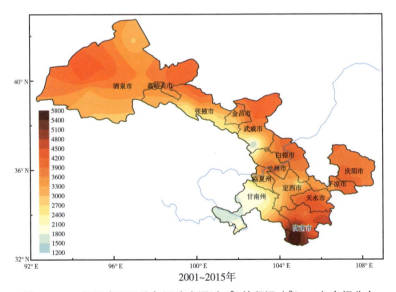

2001~2015年

图9 80%保证率下日均气温稳定通过0℃的积温（℃·d）空间分布

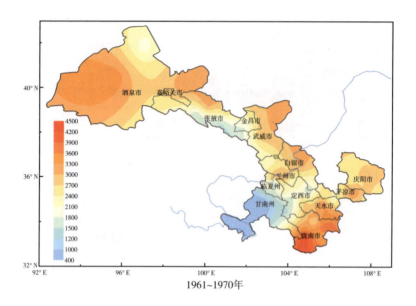

1961~1970年

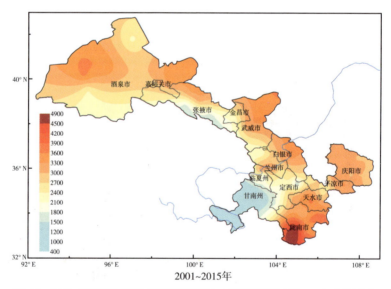

2001~2015年

图 10 80％保证率下日均气温稳定通过 10℃的积温（℃·d）空间分布

（四）80％保证率下日均气温稳定通过 0℃和 10℃的日照时数

1961~2015 年，日均气温稳定通过 0℃和 10℃的日照时数总体呈东南少西北多、河西走廊最多的分布格局。日均气温稳定通过 0℃的日照时数在甘肃大部均呈增加趋势，而日均气温稳定通过 10℃的日照时数在全省各地变化趋势不明显（见图 11、图 12）。20 世纪 60 年代，甘肃全省日均气温稳定通过

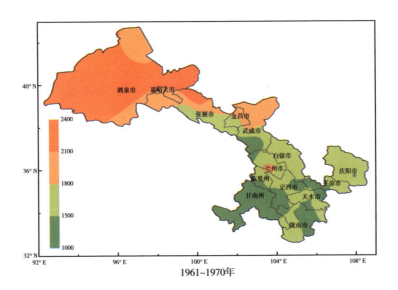

1961~1970年

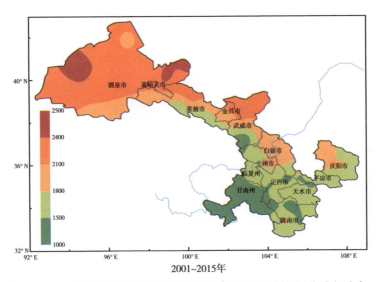

2001~2015年

图 11 80% 保证率下日均气温稳定通过 0℃的日照时数（h）空间分布

0℃期间的日照时数为1029~2385h。其中，祁连山东段、甘南高原、陇南市东北部为1000~1500h，陇东、陇中大部、天水市大部、陇南市西南部为1501~1800h，河西走廊大部为1801~2385h。

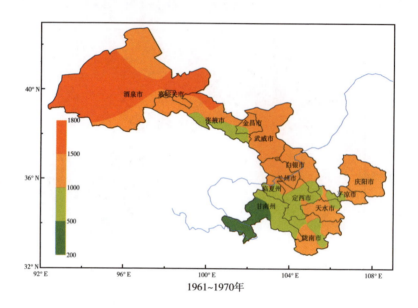

1961~1970年

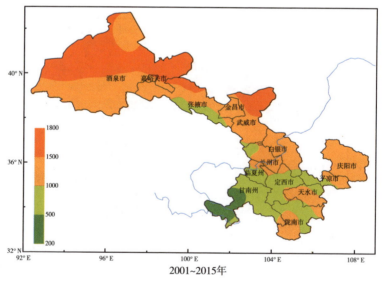

2001~2015年

图12 80%保证率下日均气温稳定通过10℃的日照时数（h）空间分布

二 农业气候资源变化对产量的影响

（一）冬小麦

甘肃省冬小麦主要分布在东南部地区。1980~2014年，冬小麦生育期内平均气温和日较差变化对冬小麦单产影响以负效应为主，降水量变化主要呈正效应。冬小麦单产在平均气温升高1℃时变化–15.3%~6.0%；气温日较差增加1℃时变化–20.3%~2.0%；降水量增加100mm时变化–6.0%~11.8%（见图13）。

1980~2014年，冬小麦生育期内平均气温以升高为主，平均气温变化使冬小麦呈减产趋势；气温日较差以增大为主，气温日较差的变化亦使冬小麦呈减产趋势；冬小麦生育期内降水量呈减少趋势，降水量变化使冬小麦呈弱减产趋势，但平凉市西部和陇南市北部则呈增产趋势（见图14）。

1980~2014年，冬小麦生育期内平均气温变化对单产具有负效应（–6.3%/℃）；气温升高已经导致冬小麦单产减少7.5%，单产实际变化为–165.5kg/hm²（见表1）。气温日较差变化对冬小麦单产亦具有负效应（–7.6%/℃），气温日较差增大使

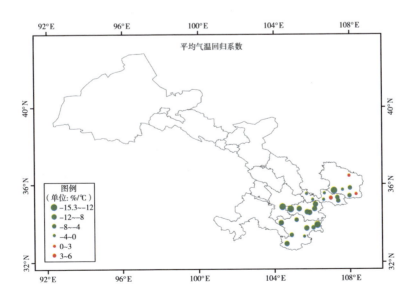

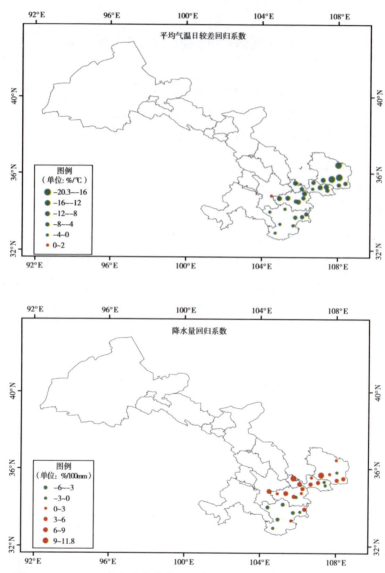

图 13 1980~2014 年冬小麦单产和生育期主要气象要素的线性回归系数

冬小麦减产 6.7%，单产实际变化为 –148.2kg/hm²。降水变化对冬小麦单产具有正效应（2.3%/100mm），平均降水量减少使冬小麦减产 0.4%，单产实际变化为 –9.2kg/hm²。

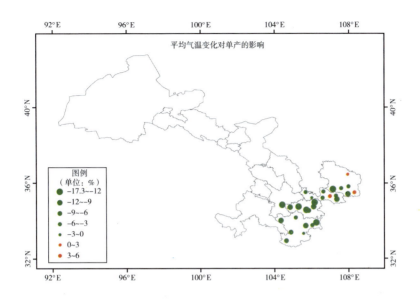

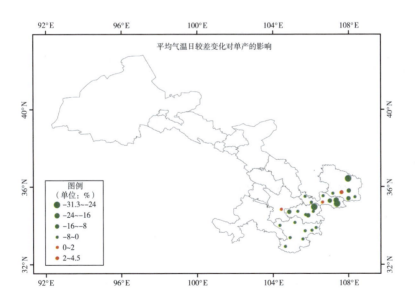

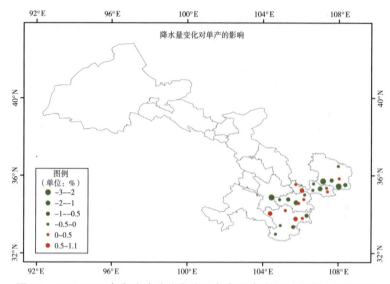

图 14 1980~2014 年冬小麦生育期主要气象要素变化对单产的实际影响

表 1 1980~2014 年甘肃省冬小麦单产的变化趋势与实际变化

气象要素	线性回归系数		单产相对变化（%）		单产实际变化（kg/hm^2）	
	平均	95.0% 的置信区间	平均	95.0% 的置信区间	平均	95.0% 的置信区间
平均气温	−6.3%/℃	−8.3~−4.4%/℃	−7.5	−9.9~−5.2	−165.5	−217.7~−113.3
气温日较差	−7.6%/℃	−9.6~−5.5%/℃	−6.7	−10.2~−3.3	−148.2	−224.2~−72.1
降水量	2.3%/100mm	0.5~4.2%/100mm	−0.4	−0.8~0	−9.2	−17.3~−1.1

（二）春小麦

1980~2014 年，春小麦生育期内平均气温变化（−12.9~2.3%/℃）和日较差变化（−9.0~8.1%/℃）对单产主要为负效应，降水量变化（−6.1~18.7%/100mm）主要为正效应（见图 15）。

　　1980~2014 年，春小麦生育期内平均气温以升高为主，平均气温变化使春小麦呈减产趋势；气温日较差呈减小趋势，气温日较差的变化使春小麦呈增产趋势；春小麦生育期内降水量大多呈增加趋势，降水量变化使春小麦单产呈弱增加趋势（见图 16）。

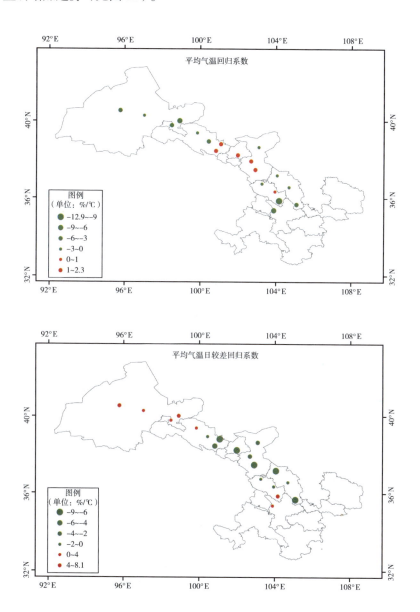

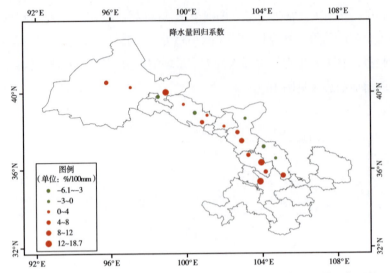

图15 1980~2014年春小麦单产和生育期主要气象要素的线性回归系数

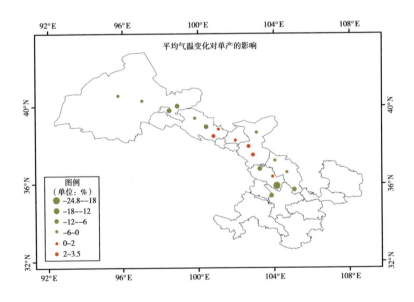

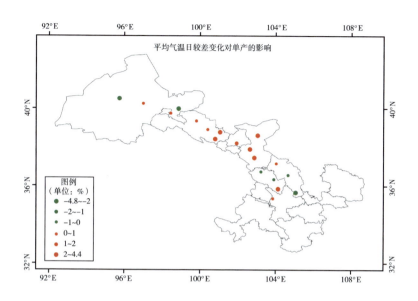

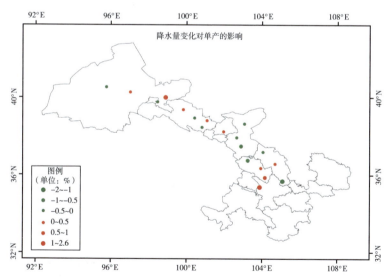

图16 1980~2014年春小麦生育期主要气象要素变化对单产的实际影响

1980~2014年，春小麦生育期内平均气温变化对单产具有负效应（−2.6%/℃），气温升高使单产减少4.3%，单产实际变化为−193.9kg/hm²（见表2）。气温日较差变化对单产具有负效应（−1.4%/℃），气温日较差减小使春小麦增产0.7%，单产实际变化为32.9kg/hm²。降水量变化对单产呈正效应（5.2%/100mm），降水量增加使春小麦增产0.1%，单产的实际变化为3.1kg/hm²。

表2　1980~2014年甘肃省春小麦单产的变化趋势与实际变化

气象要素	线性回归系数		单产相对变化（%）		单产实际变化（kg/hm²）	
	平均	95.0%的置信区间	平均	95.0%的置信区间	平均	95.0%的置信区间
平均气温	−2.6%/℃	−4.5~−0.7%/℃	−4.3	−7.6~−1.0	−193.9	−342.5~−45.4
气温日较差	−1.4%/℃	−4.0~1.1%/℃	0.7	0.5~1.9	32.9	−21.8~87.6
降水量	5.2%/100mm	1.8~8.6%/100mm	0.1	−0.4~0.5	3.1	−16.3~22.5

（三）玉米

1980~2014年，甘肃省玉米生育期内平均气温变化对玉米单产的影响在河东以负效应为主，河西有正有负；日较差变化对玉米单产的影响在河东以负效应为主，河西以正效应为主；降水量变化对玉米单产影响在河东主要呈正效应，在河西主要呈负效应。平均气温、气温日较差、降水量变化对玉米单产的影响分别为−19.8~12.0%/℃、−14.5~6.8%/℃和−9.1~14.4%/100mm（见图17）。

1980~2014年，玉米生育期内平均气温以升高为主，平均气温变化使甘肃省大部的玉米呈减产趋势；气温日较差总体呈增加趋势（−0.69~0.74℃/10a），其变化对玉米单产具有负效应；玉米生育期内降水量在天水、陇南大部呈减少趋势，而在省内其余大部呈弱增加趋势，降水量变化使玉米单产呈弱降低趋势，但在陇中、陇东大部呈增加趋势（见图18）。

1980~2014 年，玉米生育期内平均气温变化对单产具有负效应（−4.8%/℃），气温升高使单产减少5.0%，单产实际变化为 −245.8kg/hm²（见表3）。气温日较差变化对单产具有负效应（−1.5%/℃），气温日较差

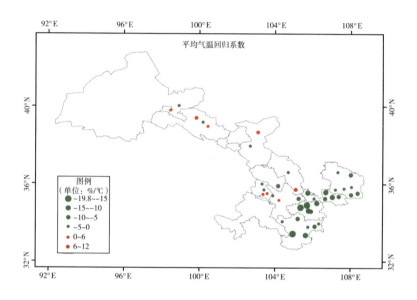

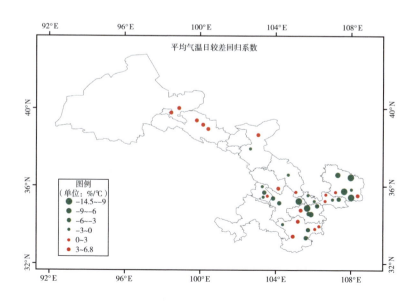

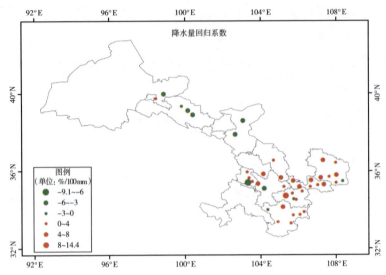

图17 1980~2014年玉米单产和生育期主要气象要素的线性回归系数

增加使玉米减产1.2%，单产实际变化为–59.4kg/hm²。降水量变化对单产
具有正效应（1.7%/100mm），降水量增加使玉米减产0.2%，单产实际变化
为–10.9kg/hm²。

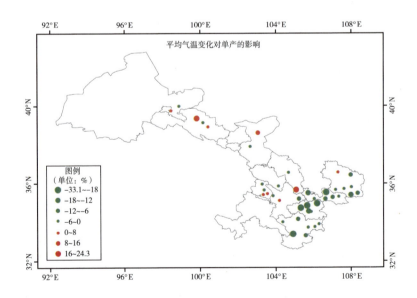

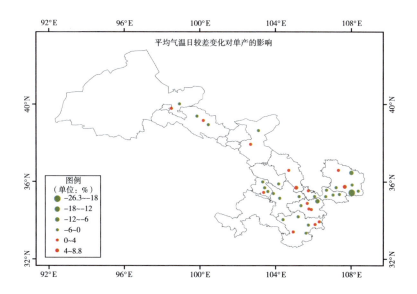

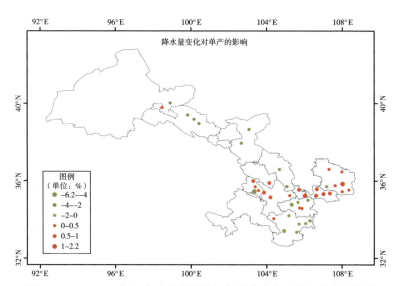

图 18 1980~2014 年玉米生育期主要气象要素变化对单产的实际影响

表3 1980~2014年甘肃省玉米单产的变化趋势与实际变化

气象要素	线性回归系数		单产相对变化（%）		单产实际变化（kg/hm²）	
	平均	95.0%的置信区间	平均	95.0%的置信区间	平均	95.0%的置信区间
平均气温	−4.8%/℃	−6.9~−2.6%/℃	−5.0	−8.3~1.8	−245.8	−404.8~−86.9
气温日较差	−1.5%/℃	−3.3~0.3%/℃	−1.2	−2.7~0.3	−59.4	−134.0~9.0
降水量	1.7%/100mm	0.4~3.0%/100mm	−0.2	−0.6~0.2	−10.9	−30.8~9.0

（四）马铃薯

1985~2014年，马铃薯生育期内平均气温变化（−18.1~18.8%/℃）和日较差变化（−21.5~9.2%/℃）对单产总体具有负效应，降水量变化（−3.3~12.8%/100mm）具有正效应（见图19）。

1985~2014年，马铃薯生育期内平均气温以升高为主，平均气温变化使马铃薯呈减产趋势；气温日较差总体以减小为主，气温日较差变化使马铃薯呈弱增产趋势；生育期内降水量在天水、陇南大部呈减少趋势，而在省内其

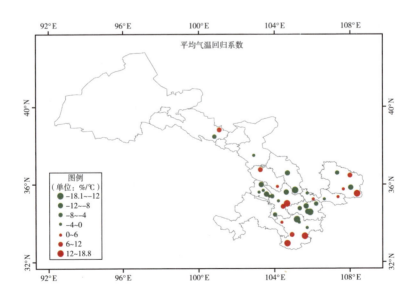

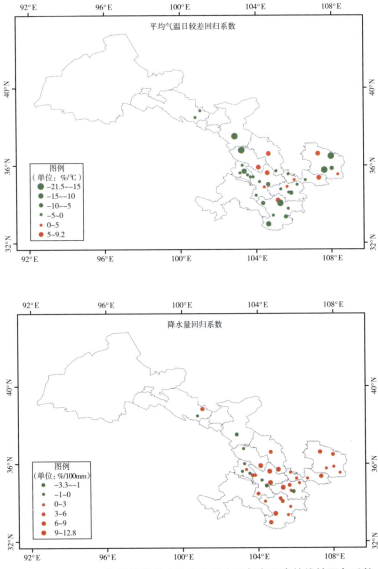

图 19　1985~2014 年马铃薯单产和生育期主要气象要素的线性回归系数

余大部呈弱增加趋势，降水量变化使马铃薯呈弱减产趋势，但在陇东大部及定西呈增产趋势（见图 20）。

1985~2014年，马铃薯生育期内平均气温变化对单产具有负效应（–1.3%/℃），气温升高使单产减少1.8%，单产实际变化为–46.6kg/hm²（见表4）。气温日较差变化对单产具有负效应（–3.5%/℃），气温日较差减小使马铃薯增产0.3%，单产实际变化为6.9kg/hm²。平均降水量变化对单产具有正效应（3.5%/100mm），降水量增加使马铃薯减产0.3%，单产实际变化为–7.3kg/hm²。

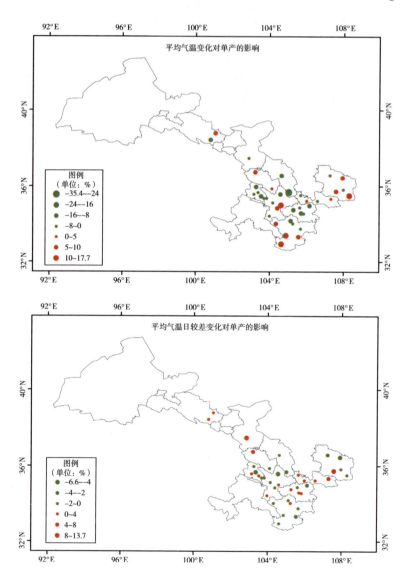

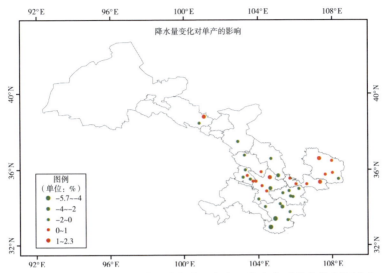

图20 1985~2014年马铃薯生育期主要气象要素变化对单产的实际影响

表4 1985~2014年甘肃省马铃薯单产的变化趋势与实际变化

气象要素	线性回归系数		单产相对变化（%）		单产实际变化（kg/hm²）	
	平均	95.0%的置信区间	平均	95.0%的置信区间	平均	95.0%的置信区间
平均气温	−1.3%/℃	−4.3~1.7%/℃	−1.8	−4.9~1.4	−46.6	−129.5~36.3
气温日较差	−3.5%/℃	−5.9~−1.2%/℃	0.3	−0.9~1.4	6.9	−24.1~38.0
降水量	3.5%/100mm	2.1~4.9%/100mm	−0.3	−0.8~0.2	−7.3	−20.3~5.8

B.4
农业气象灾害演变及其影响

甘肃省气象灾害种类较多，主要有干旱、暴雨洪涝、冰雹、大风、沙尘暴和霜冻等，其空间分布为：河西大风、沙尘暴多发，东南部暴雨洪涝、山洪地质灾害多发，中东部冰雹、干旱、山洪、滑坡、泥石流频繁易发。

一　干旱

甘肃省素有"三年一小旱，十年一大旱"之说。干旱对河东地区的农业影响最大，几乎每年都会出现，只是范围大小、严重程度不同。

（一）气象干旱演变

1961~2015年，甘肃省春旱发生频率达71%。20世纪60年代春旱发生频率相对较小，70年代增加，80年代、90年代和21世纪首个十年分别达60%、70%和90%，增加趋势明显。1961~2015年春末夏初旱发生频率达60%，20世纪60~90年代呈明显减少趋势，但在21世纪首个十年增至70%。1961~2015年伏旱发生频率为51%，各年代伏旱发生频率较为稳定，增加趋势较弱。1961~2015年秋旱发生频率为55%，20世纪60~90年代秋旱发生频率呈明显增加趋势，但在21世纪首个十年秋旱发生频率减少至40%（见表1）。

表1　1961~2015年甘肃省各年代区域性干旱年的出现频率

单位：%

时间（年）	春旱			春末夏初旱			伏旱			秋旱		
	全省	河东	河西	全省	河东	河西	全省	河东	河西	全省	河东	河西
1961~1970	60	40	60	80	60	80	40	30	60	30	20	80
1971~1980	80	70	90	70	70	70	50	30	60	60	60	60

续表

时间（年）	春旱			春末夏初旱			伏旱			秋旱		
	全省	河东	河西	全省	河东	河西	全省	河东	河西	全省	河东	河西
1981~1990	60	40	90	50	30	50	50	40	70	60	40	80
1991~2000	70	60	70	40	30	70	50	50	50	80	80	90
2001~2010	90	90	60	70	70	80	60	60	80	40	30	40
2011~2015	60	50	100	40	50	25	50	50	50	60	25	100
1981~2010	73	63	73	53	43	67	53	50	67	60	50	70
1961~2015	71	59	76	60	52	67	51	43	63	55	44	72

甘肃省重大春旱出现频率为24%，且呈增加趋势。重大春末夏初旱出现频率为20%，20世纪70年代至21世纪首个十年稳中有增。重大伏旱出现频率为5%，20世纪60~80年代没有出现重大伏旱，之后有增加趋势，20世纪90年代和21世纪首个十年都为10%。重大秋旱出现频率为11%，20世纪60年代没有出现重大秋旱，20世纪70~90年代重大秋旱出现频率分别为10%、20%和30%，呈增加趋势，但21世纪以来没有发生重大秋旱（见表2）。

表2 1961~2015年甘肃省不同地区各年代重大旱的出现频率

单位：%

时间（年）	春旱			春末夏初旱			伏旱			秋旱		
	全省	河东	河西	全省	河东	河西	全省	河东	河西	全省	河东	河西
1961~1970	20	10	50	40	30	50	0	0	30	0	0	50
1971~1980	20	10	60	10	10	40	0	0	0	10	10	40
1981~1990	10	0	50	20	20	20	0	0	20	20	10	70
1991~2000	30	20	50	20	10	40	10	10	0	30	10	70
2001~2010	30	30	50	20	0	30	10	10	40	0	0	30
2011~2015	40	20	100	0	0	0	20	20	20	0	0	60

续表

时间（年）	春旱			春末夏初旱			伏旱			秋旱		
	全省	河东	河西	全省	河东	河西	全省	河东	河西	全省	河东	河西
1981~2010	23	17	50	20	13	30	7	7	20	17	7	57
1961~2015	24	15	56	20	15	33	5	5	18	11	5	53

（二）气象干旱时空分布

甘肃省年降水量在 300mm 以下的地区占全省总面积的 58% 且空间分布不均。干旱季节分布也不均，年际变化大。

甘肃省春旱发生频率较高，为 20%~75%；河西走廊春旱发生频率为 40%~75%，平均 2 年一遇，是春旱发生频率最高区。陇中北部和陇东东北部的春旱发生频率为 40%，平均 2 年多一遇；陇中南部、陇东南部、甘南高原大部和陇南北部的春旱发生频率为 30%，平均 3 年一遇；甘南高原西南部和陇南南部的春旱发生频率为 20%，平均 5 年一遇（见图 1a）。

全省春末夏初旱发生频率为 10%~70%，河西走廊春末夏初旱发生频率为 40%~70%，平均 2 年一遇，是春末夏初旱发生频率最高区。陇中北部和陇东北部的春末夏初旱发生频率为 40%，平均 2 年多一遇，是春末夏初旱发生频率次高区；陇中南部、陇东南部、甘南高原大部和陇南为 20%~30%，平均 3~5 年一遇；甘南高原中部为 10%，平均 10 年一遇，是春末夏初旱发生频率最低区（见图 1b）。

全省伏旱发生频率为 10%~60%，河西走廊大部伏旱发生频率为 30%~50%，平均 2~5 年一遇，是伏旱发生频率最高区。陇中北部、陇东和陇南大部为 30%~40%，平均 3 年多一遇，是伏旱发生频率次高区；陇中南部和甘南高原为 20%~30%，平均 3~5 年一遇，是伏旱发生频率最低区（见图 1c）。

全省秋旱发生频率为 20%~70%，河西走廊秋旱发生频率为 40%~70%，平均 2~3 年一遇，是秋旱发生频率最高区。陇中北部、陇东为 40%~50%，平均 2 年多一遇，是秋旱发生频率次高区；陇中南部、甘南高原大部和陇南北部为 30%，平均 3 年一遇；甘南高原西南部和陇南南部为 20%，平均 5 年一遇，是秋旱发生频率最低区（见图 1d）。

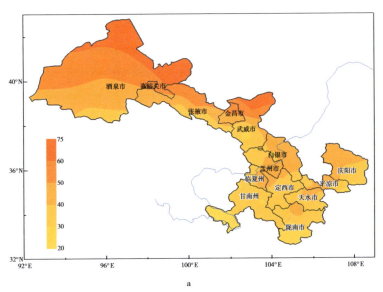

a

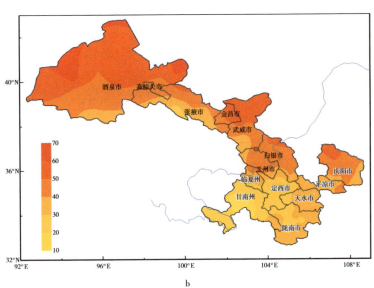

b

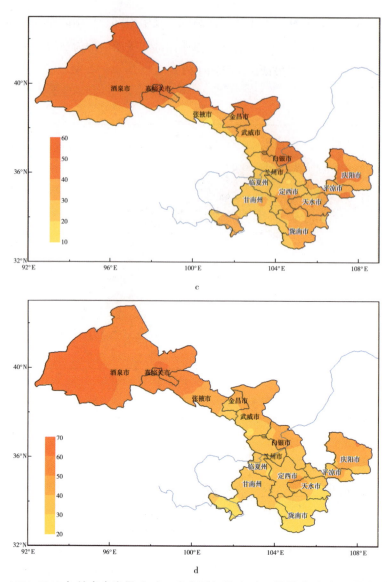

图1 1981~2010年甘肃省春旱（a）、春末夏初旱（b）、伏旱（c）和秋旱（d）发生频率的空间分布

甘肃省每年3~10月农作物生长期间均可能发生干旱，甚至发生春夏连旱、春夏秋连旱、夏秋连旱。在此，采用达到干旱标准的站数（旱站数）占全省总站数的百分比表示干旱范围。

1. 春旱

春旱范围随时间变化呈明显扩大趋势。1961~1990 年春旱范围相对较小，春旱站数占总站数 30% 左右，其中有 9 年在 50% 以上；1991~2015 年大多数年份春旱站数占总站数 50% 左右，其中有 12 年在 50% 以上，春旱范围明显扩大。

2. 春末夏初旱

春末夏初旱范围随时间变化呈缩小趋势。1961~1981 年大多数年份春末夏初旱范围相对较大，春末夏初旱站数占总站数的 40% 左右，其中有 9 年在 50% 以上；1982~2015 年大多数年份春末夏初旱站数占比在 30% 左右，其中有 9 年在 50% 以上，春末夏初旱范围明显缩小。

3. 伏旱

伏旱范围的变化趋势为：1961~1997 年呈明显缩小趋势，1998~2015 年呈扩大趋势。1961~1978 年大多数年份伏旱范围相对较大，伏旱站数占总站数的 30% 左右，其中有 6 年在 40% 以上；1979~1997 年大多数年份伏旱站数占总站数的 20% 左右，其中有 3 年在 60% 以上，伏旱范围明显缩小；1998~2015 年大多数年份伏旱站数占总站数的 30% 左右，其中有 7 年在 40% 以上，2015 年为 84%，伏旱范围明显扩大。

4. 秋旱

秋旱范围在 1961~2000 年呈明显扩大趋势，2001~2015 年呈明显缩小趋势。1961~1979 年大多数年份秋旱范围比较小，秋旱站数占总站数 20% 以下，有 8 年在 50% 左右；1980~2000 年大多数年份秋旱范围明显扩大，秋旱站数占总站数的 30% 左右，有 11 年在 30% 以上；2001~2015 年大多数年份秋旱范围明显缩小，秋旱站数占总站数的 30% 左右，有 7 年在 30% 以上。

（三）气象干旱对粮食生产的影响

1961~2013 年，气象干旱使得甘肃省灾害发生面积呈先增后减趋势（见图 2）。全省年均受旱面积约 70.1 万公顷，约占播种总面积的 19.5%；其中干旱成灾面积约 66.1 万公顷，约占播种总面积的 17.5%。1961~2000 年全省干旱受灾面积持续增加，随后呈减小趋势。1991~2013 年，甘肃省干旱成灾率呈下降趋势，特别是 2010 年以后干旱成灾率平均为 65.1%。

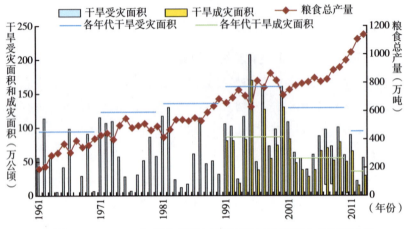

图 2　1961~2013 年甘肃省农业干旱发生面积和粮食总产量动态

二　风雹

1961~2015 年，甘肃省单站年平均大风日数为 3~18 天，呈河西多、河东少的分布格局。河西五市年平均大风日数为 3~68 天，且大部分地区为 10~68 天，河东为 1~43 天，以陇中和甘南高原居多，河东其他地区多年平均少于 5 天，陇南大风日数最少。

（一）风雹演变

1. 大风演变

1961~2015 年，甘肃全省大风（站）日数年际变化明显，20 世纪 60 年代至 70 年代初呈增加趋势，其中 1973 年为历史最多，之后呈减少趋势，进入 21 世纪后较为稳定。2007 年以后，年大风（站）日数呈增加趋势（见图 3）。

图3 1961~2015年甘肃省大风日数历年变化

甘肃省历年四季大风（站）日数变化趋势与年变化趋势相似，其中春季大风（站）日数最多，夏季其次，冬季大风（站）日数在 20 世纪 90 年代以后大于秋季，之前与秋季接近（见表3）。

表3 甘肃省四季在不同时段大风（站）日数的变化范围

单位：天

时段（年）	年	春季	夏季	秋季	冬季
1961~1990	410~1410	250~580	140~530	50~260	40~260
1991~2015	270~650	130~310	60~230	20~110	50~150

2. 冰雹演变

1961~2015 年，甘肃全省冰雹日数呈显著减少的趋势（19.974d/10a）（见图4），其中 1973 年以前全省冰雹日数呈显著上升趋势，1973 年后则呈明显减少的趋势。

全省降雹时段具有明显的年变化特征，11~2 月为无雹时段，3~10 月为降雹时段，其中 5~9 月的冰雹次数占全年的 86%，其中 5~7 月的冰雹次数分别占全年的 17.3%、23.8% 和 17.3%。降雹结束月份在河西和陇南为 9 月，陇中、陇东和甘南高原为 10 月。全省大多数地区属于夏雹区，6 月中旬至 8

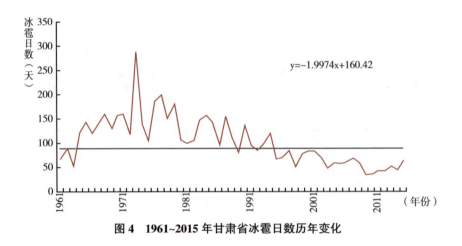

$$y = -1.9974x + 160.42$$

图4 1961~2015年甘肃省冰雹日数历年变化

月中旬为主要降雹时段。

全省冰雹年变化大致可分为两种类型。河西和甘南高原大多数地区为单峰型，少数地方为双峰型；陇中、陇东和陇南以双峰型为主，少数地方为单峰型。双峰型地区的第一峰值出现在4~6月，第二峰值出现在7~9月。在安西、玉门和金塔一带，天水和陇南两地（市），陇东西北部，甘南高原的碌曲至迭部一带，降雹最多月份主要在5月，少数地区在4月。河西和陇东大部分地区、陇中和甘南高原北部5月或6月降雹最多，其中马鬃山、永昌、乌鞘岭、玛曲、华亭等地区7月降雹最多；景泰、泾川、华池、合水、宁县等地8月降雹最多，白银和永靖9月降雹最多。

（二）风雹空间分布

1. 大风空间分布

1981~2010年甘肃省年平均大风日数总体呈西北—东南走向，西北多、东南少，河西走廊、祁连山区东段和甘南高原多，年平均大风日数为20~70天；祁连山区西段、陇中南部、陇南和陇东大部为1~20天，其中乌鞘岭年平均大风日数最多，为68.1天（见图5）。

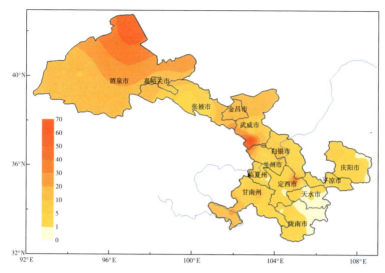

图5　1981~2010年甘肃省大风日数（天）的空间分布

甘肃省春季平均大风日数相对较多。河西西北部和祁连山区春季平均大风日数最多，为10~30天，河西大部、陇中北部、甘南州和陇东西部地区为1~10天（见图6a）；夏季平均大风日数与春季类似，但平均大风日数有所减少，河西大部地区为1~15天，陇中大部、甘南州大部和陇南部分地方为1~5天（见图6b）；秋季平均大风日数范围向西北缩小，河西走廊西部和东部、甘南南部地区为1~11天（见图6c）；冬季平均大风日数与秋季类似，甘南州日数增多，为1~10天（见图6d）。

甘肃省大部分地区大风平均日数年变化呈典型的单峰型，其中河西、甘南高原和陇东等地区大风日数的年变化呈双峰型。全省大部分地区一年之中春季大风最多，第一峰值大都出现在4~5月；第二峰值大都出现在10~12月，谷值一般都出现在9~10月。

2. 冰雹空间分布

甘肃省冰雹日数空间分布总体呈东北—西南走向，东北少、西南多，高原和山区多，河谷、盆地和沙漠少。甘南高原和祁连山区东段是冰雹多发地区，年平均冰雹日数为3~6天，其中玛曲年平均冰雹日数最多达6天，是仅

次于西藏高原世界罕见多雹区的全国第二个多雹区。临夏、定西及陇东六盘山区是甘肃省的第二个多雹区，年平均冰雹日数1~3天。河西走廊、陇中北部、陇东大部和陇南冰雹最少，年平均冰雹日数不到1天（见图7）。

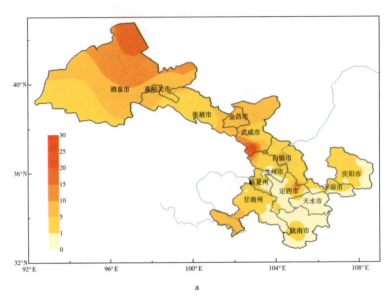

a

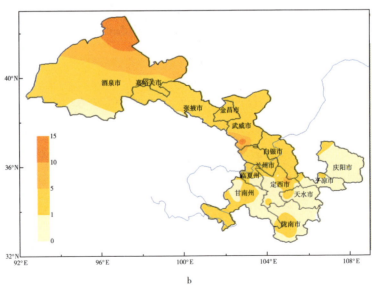

b

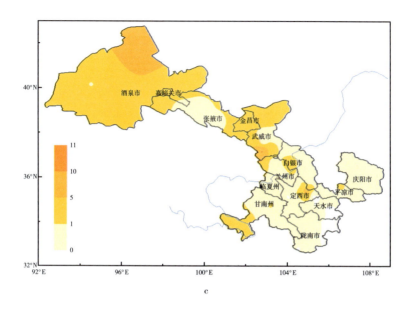

c

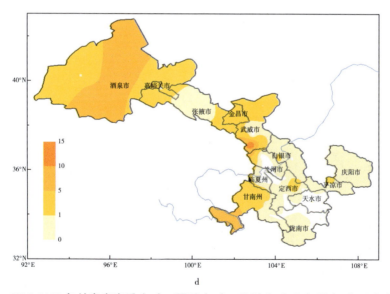

d

图6 1981~2010年甘肃省春季（a）、夏季（b）、秋季（c）和冬季（d）平均大风日数（天）的空间分布

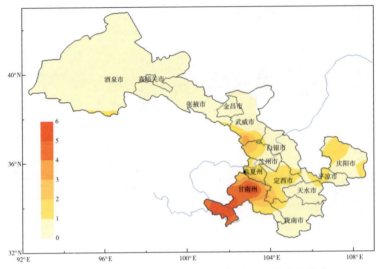

图7 1981~2010 年甘肃省冰雹日数（天）的空间分布

（三）风雹对粮食产量的影响

1961~2013 年，甘肃省风雹灾害发生面积呈先增大后减小趋势（见图 8）。全省风雹年均受灾面积约20.65万公顷，约占农作物播种总面积的5.7%。

图8 1961~2013 年甘肃省风雹受灾面积和粮食总产量动态

1961~2013 年各年代风雹受灾面积呈先增大后减小的变化趋势，其中 20 世纪 60~70 年代较小，80 年代迅速增大为最大值，随后各年代受灾面积逐步减小。

三　暴雨洪涝

（一）暴雨洪涝演变

1961~2015 年，甘肃全省暴雨日数呈不显著的减少趋势（0.146d/10a）（见图 9）。甘肃省暴雨主要出现在河东地区，年暴雨日数分布呈由西北向东南逐渐增加的趋势。1981~2010 年，全省各地暴雨总日数为 3~39 天，其中陇中、陇南北部和甘南高原为 3~19 天，暴雨日数最少；陇东为 12~27 天，是暴雨日数较多的地区；陇南北部为 24~39 天，是全省暴雨日数最多的地区。

甘肃省在 4~10 月均会出现暴雨，主要出现在 7~8 月，其间暴雨日数占全年暴雨日数的 80%，其中 7 月、8 月冰雹分别占全年的 43% 和 37%。20 世纪 60~70 年代暴雨日数在 5 天以上的月份主要集中在 7~9 月，70 年代之后暴雨出现时间呈提前趋势，暴雨日数在 5 天以上的月份主要出现在 6~8 月。

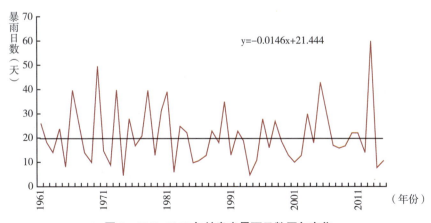

图 9　1961~2015 年甘肃省暴雨日数历年变化

（二）暴雨洪涝空间分布

1961~2015 年，甘肃省暴雨主要出现在河东地区，年暴雨日数呈自西北向东南逐渐增加的分布格局。1981~2010 年，甘肃省除河西西部和中部外，全省大部分地区出现过暴雨，年平均暴雨日数为 0~0.2 天，其中临夏州和定西市局部地区、天水市中东部为 0.2~0.6 天，平凉市、庆阳市和陇南市大部地区为 0.6~1.2 天（见图 10）。其中，甘肃省有 22 个县（区）出现过日降雨量在 100mm 及以上的大暴雨，主要在 7~8 月的临夏州、兰州市永登、平凉市、庆阳市、天水市麦积和陇南市的部分县（区），日降水量为 100~198mm，其中康县共出现过 6 次大暴雨，徽县、合水、泾川、镇原、西峰和庆城等地出现过 3 次大暴雨。

1981~2010 年，甘肃省大暴雨范围和强度有明显扩大和增加趋势。1981~1990 年 11 个县（区）的局部地方出现 100~149mm 的大暴雨；1991~2000 年 11 个县（区）的局部地区出现 100~167mm 的大暴雨，2001~2010 年 14 个县（区）的局部地方出现 105~199mm 的大暴雨，2010 年 5 个县（区）的局部地方出现 134~185mm 的大暴雨。

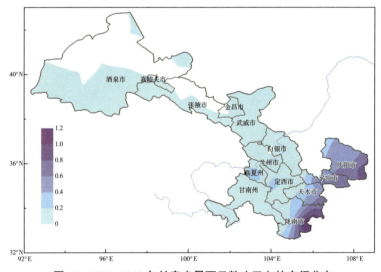

图 10　1981~2010 年甘肃省暴雨日数（天）的空间分布

（三）暴雨洪涝对农业的影响

1961~2013 年，暴雨导致的甘肃省农业受涝面积在 1961~2002 年呈波动上升趋势，在 2002 年达到历史最大值，之后呈减小趋势（见图 11）。全省涝灾造成的农业年均受灾面积约 9.93 万公顷，约占农作物播种总面积的 2.5%。

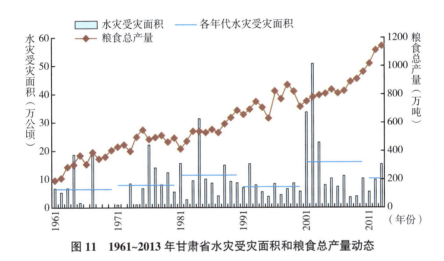

图 11　1961~2013 年甘肃省水灾受灾面积和粮食总产量动态

四　霜冻

（一）霜冻演变

1961~2015 年，甘肃全省霜冻（站）日数在 20 世纪 60~70 年代呈明显增多趋势，其中 70 年代中期霜冻日数为历史最多，在 20 世纪 70~90 年代较为平稳，21 世纪以来呈减少趋势（见图 12）。

1. 早霜冻

1961~2015 年，甘肃全省单站平均早霜冻日数（8~11 月）为 30~54 天。历年平均早霜冻日数在 20 世纪 60 年代末期至 21 世纪初大于常年均值，在

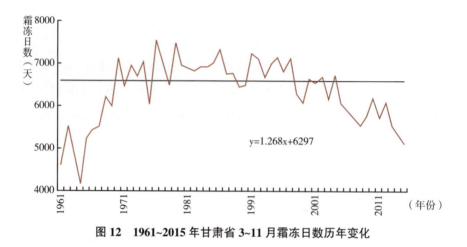

y=1.268x+6297

图 12　1961~2015 年甘肃省 3~11 月霜冻日数历年变化

20 世纪 60 年代至 70 年代初呈明显的增多趋势，其中 1970 年早霜冻日数为历史最多，20 世纪 70 年代至 80 年代较为平稳，80 年代后期至 2005 年呈减少趋势，2005 年以来进入早霜冻历史低值时段（见图 13a）。

2. 晚霜冻

1961~2015 年，甘肃全省单站平均晚霜冻日数（3~6 月）的变化趋势与年平均霜冻日数的变化趋势相似，历年变化范围较早霜冻大，为 32~55 天。

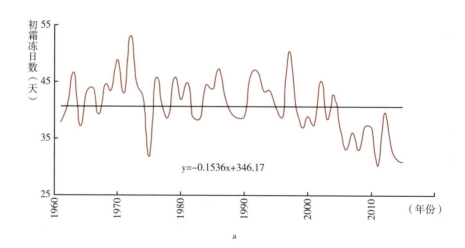

y=−0.1536x+346.17

a

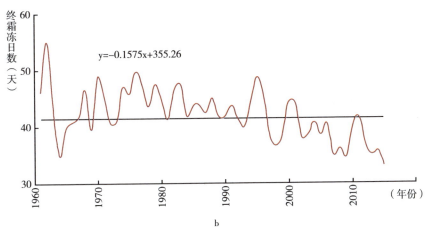

$$y=-0.1575x+355.26$$

b

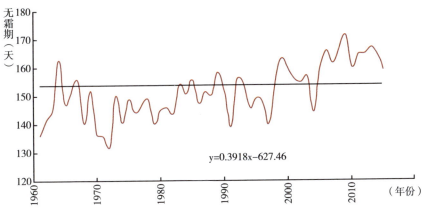

$$y=0.3918x-627.46$$

c

图 13　1961~2015 年甘肃省早霜冻（a）、晚霜冻（b）和无霜期（c）的历年变化

历年平均晚霜冻日数在 20 世纪 70 年代中期至 90 年代中期大于常年均值，在 20 世纪 60 年代中期至 70 年代中期呈明显的增多趋势，在 20 世纪 70 年代至 80 年代变化较为平稳，80 年代中期以后呈减少趋势（见图 13b）。

3. 无霜期

1961~2015 年，甘肃全省无霜期的变化趋势呈持续延长趋势，20 世纪 80~90 年代在常年均值附近波动，20 世纪末期开始大于常年均值（见图 13c）。

（二）霜冻空间分布

1. 早霜冻

1981~2010 年，甘肃省河西大部和甘南地区年平均早霜冻日数为 45~75 天，陇中和陇东地区为 25~45 天，天水大部和陇南北部为 5~25 天（见图 14a）。

甘肃省早霜冻最早出现在 8 月 1 日，最晚出现在 11 月 28 日，最早与最晚相差 119 天。在空间分布上，早霜冻日期自东南向西北、由低海拔向高海拔逐渐提前。祁连山区、马鬃山和甘南高原海拔高，气候寒冷，早霜冻出现较早，一般在 8 月中旬~9 月中旬，其中玛曲出现在 8 月 1 日，是早霜冻出现最早的地区；河西走廊和陇中南部出现在 9 月下旬~10 月上旬；陇东出现在 10 月中下旬；陇南大部分地区纬度和海拔较低，气候温暖，早霜冻一般出现在 11 月上中旬，是全省早霜冻出现最晚的地区。

2. 晚霜冻

1981~2010 年，甘肃省河西大部、祁连山区和甘南地区年平均晚霜冻日

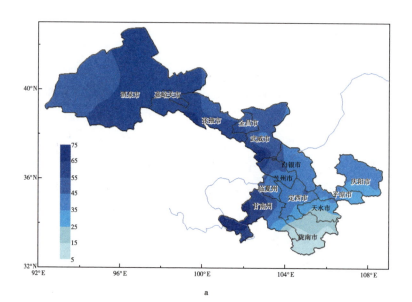

a

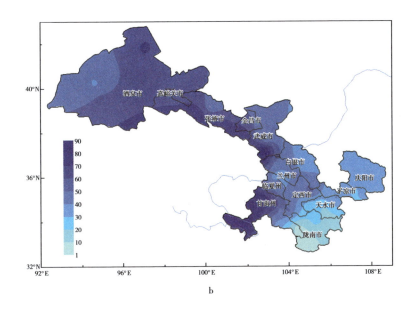

b

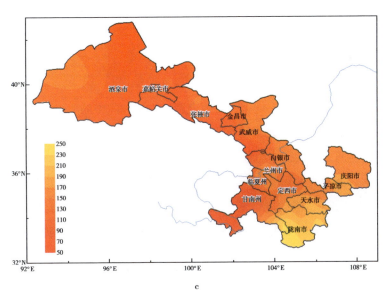

c

图 14 1981~2010 年甘肃省早霜冻（a）、晚霜冻（b）和无霜期（c）的日数（天）分布

数为 50~90 天，陇中和陇东地区为 30~55 天，天水大部和陇南北部为 5~30
天（见图 14b）。

甘肃省晚霜冻出现日期各地之间跨度较大，最早出现在 3 月 3 日，由于海拔的影响，最晚出现在 6 月 30 日，最早与最晚间隔 119 天。其空间分布呈由东南向西北、由低海拔向高海拔逐渐推迟的趋势。祁连山区、马鬃山和甘南高原海拔高，气候寒冷，晚霜冻出现较晚，一般在 5 月中旬~6 月上旬，其中玛曲晚霜冻出现在 6 月中旬，是晚霜冻出现最晚的地区；河西走廊晚霜冻出现在 5 月中下旬；陇东、陇中出现在 4 月下旬~5 月上旬；陇南大部在 4 月中旬前后；陇南南部纬度和海拔高度较低，气候温暖，是全省晚霜冻结束最早的地区，一般在 3 月中下旬。

3. 无霜期

1981~2010 年，甘肃省无霜期具有自东南向西北、自低海拔向高海拔缩短的特点。河西走廊、陇中大部无霜期为 110~150 天，陇中东部和西南部、陇东和天水大部为 150~190 天；祁连山区和甘南高原大部为 50~110 天，是全省无霜期最短的地区；陇南大部为 190~230 天；陇南南部为 230~250 天，是全省无霜期最长的地区。

（三）霜冻对农业的影响

甘肃全省均存在霜冻危害，河西走廊、陇东和陇中的霜冻危害大于陇南山区。一般晚霜冻危害大于早霜冻，早霜冻出现在秋季，正值秋作物灌浆、乳熟和黄熟期，如果秋作物穗粒尚未进入蜡黄阶段，此时遇上霜冻，危害就变得严重，会造成大幅度减产或颗粒无收。从时间上看，9 月出现的霜冻比 10 月出现的霜冻造成的危害重。晚霜冻结束于春季，是果树开花或幼果期、蔬菜的幼苗期。此时遇上霜冻，果树、蔬菜受到的危害严重，将造成大幅度减产或无收。

五 沙尘暴

1961~2015 年，甘肃省单站年均沙尘暴日数为 0~6 天，呈由北向南递减的趋势。河西年均沙尘暴天数为 1~18 天，其中民勤县年沙尘暴日数达 18 天，是全省沙尘暴日数最多的地方；陇中北部和陇东北部的环县为 1~4 天，陇中南部、陇东大部和陇南北部平均不足 1 天，是全省沙尘暴最少的地区。

甘肃全省沙尘暴日数的年变化呈单峰型，在 20 世纪 60 年代至 70 年代初呈增多趋势，随后呈减少趋势（见图 15）。沙尘暴日数以春季最多，最大值出现在 4 月；其次为夏季和冬季；秋季最少，最小值出现在 10 月。河西走廊沙尘暴日数的年变化与全省一致，但河东地区沙尘暴日数的年变化以春季最多，冬季多于夏季，秋季最少。

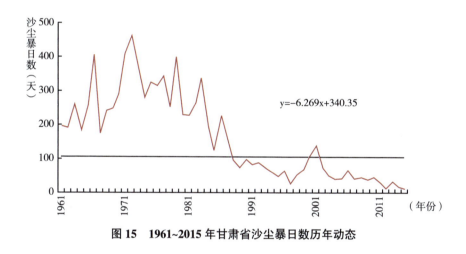

图 15 1961~2015 年甘肃省沙尘暴日数历年动态

春季（3~5 月）平均沙尘暴日数：全省春季平均沙尘暴日数为 0.76 天，变化范围为 0~9 天。其中，河西走廊为 1~9 天，是全省春季沙尘暴日数最多的地区；河东为 0~4 天，陇中、陇东和甘南高原为 0~1 天，个别地方为 1~4 天；陇南和甘南高原在 1 天左右，是全省春季沙尘暴日数最少的地区。

夏季（6~8 月）平均沙尘暴日数：全省夏季平均沙尘暴日数为 0.28 天，变化范围为 0~5 天。其中，河西走廊为 1~3 天，是全省夏季沙尘暴日数最多的地区；河东为 0~2 天，陇中、陇东不足 1 天；陇南只有个别地方沙尘暴日数不足 1 天，大部分地方很少出现沙尘暴，是全省夏季沙尘暴日数最少的地区。

秋季（9~11 月）平均沙尘暴日数：秋季是一年中沙尘暴日数最少的季

节。全省秋季平均沙尘暴日数 0.08 天，变化范围为 0~1.5 天。其中，河西走廊为 0~1.5 天，是全省秋季沙尘暴日数最多的地区；河东为 0~1 天，陇南、甘南高原、陇东和陇中大部分地方未出现沙尘暴，是全省秋季沙尘暴日数最少的地区。

冬季（12~2 月）平均沙尘暴日数：全省冬季平均沙尘暴日数为 0.68 天，变化范围为 0~3.1 天。其中，河西走廊为 1~3.1 天，民勤是全省冬季沙尘暴日数最多的地区；河东不足 1 天，是全省冬季沙尘暴日数最少的地区。

六 干热风

1961~2015 年，甘肃省干热风日数呈显著增加的趋势（75.41d/10a）（见图 16）。1961~2015 年甘肃省单站年均干热风日数为 2~16 天，自 1995 年起明显增多。甘肃省干热风危害主要发生在河西走廊、陇中和陇东北部，陇中南部和陇南也时有发生。干热风次数呈自东南向西北增加的趋势，北部多、危害重，南部少、危害轻。根据 6~7 月干热风次数和危害程度可将全省划分为四个区：严重区包括河西走廊西北部的敦煌、瓜州、鼎新、临泽、金塔、高台、山丹、民勤等县（市），年均 3~6 次，是全省干热风次

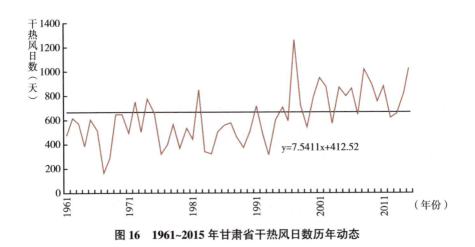

图 16 1961~2015 年甘肃省干热风日数历年动态

数最多、危害最严重的地区；较重区包括河西走廊南部、陇中和陇东的北部，年均 1~3 次，干热风次数较多、危害较重；最轻区包括陇东南部、陇中南部和陇南，年均 1 次左右，是全省干热风次数最少、危害最轻的地区；无干热风区包括祁连山区、甘南高原和临夏州，这些地区基本不出现干热风。

B.5
农业气象灾损时空演变

1961 年以来，甘肃省极端气候事件总体呈增加趋势，导致干旱、风雹、洪涝、低温冷害等灾害频发，从而对甘肃省农业生产造成严重影响。

一 农业干旱灾害

（一）农业干旱灾损的时间动态

1961~2012 年甘肃全省干旱灾害发展具有面积增大和危害程度加剧的趋势（见图 1）。干旱受灾率、成灾率和绝收率都呈增加趋势，1978 年前干旱灾害导致的绝收率很小。1961~2012 年甘肃省平均干旱受灾率、成灾率和绝收率分别为 25.2%、14.1% 和 2.2%，均明显高于全国平均值（全国受灾率、成灾率和绝收率分别为 15.0%、8.1% 和 1.7%）。甘肃省干旱受灾率、成灾率和绝收率增加趋势显著，增加速率分别为 0.16%/10a、0.15%/10a 和 0.05%/10a，增速均高于全国平均水平。

1961~2012 年甘肃全省干旱灾害综合损失率平均为 10.8%，是全国平均值的 2 倍，且呈增加趋势，增加速率达 0.1%/10a，明显高于全国 0.04%/10a 的平均水平。甘肃省年降水量在 300mm 以下的地区约占全省总面积的 64%，自 20 世纪 80 年代以来降水减少，尤其是 1986 年气候突变以来，降水量呈明显偏少趋势，干旱发生频率加快，尤其是特大旱灾害发生更加频繁。

按照干旱灾害综合损失率将干旱划分为四个等级，即小于 5% 为轻旱、5%~9% 为中旱、10%~14% 为重旱、大于 14% 为特旱，以分析干旱灾害损失程度和频次的变化。1960 年以来，甘肃省发生干旱灾害损失的程度加重，尤其重旱和特旱损失明显增多。20 世纪 60 年代发生轻旱 3 次、中旱 1 次，未发生特旱；70 年代发生轻旱 4 次、中旱 3 次、特旱 2 次；80 年代发生轻旱 4 次、中旱 2 次、重旱2次、特旱2次；90年代干旱灾害损失程度较重，中旱4次、重旱2次、特旱4次；进入21世纪后干旱灾害损失程度更加严重，全部为中旱以上等级，发生中旱5次、特旱4次。

1961~2012年，甘肃全省农业干旱灾害综合损失的发生时间因不同干旱等级而不同。中旱在20世纪60年代平均7年一遇，70年代3年一遇，80年代5年一遇，90年代2~3年一遇，21世纪初5年一遇。中旱发生年份分别为1961年、1972年、1973年、1978年、1980年、1989年、1990年、1993年、1996年、1998年、2002年和2010年。重旱在20世纪60年代平均2~3年一遇，80年代10年一遇，90年代和21世纪初5年一遇，大范围的严重干旱灾害出

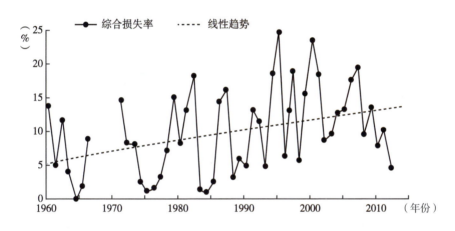

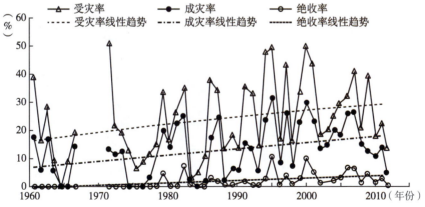

图1　1961~2012年甘肃省农业干旱受灾率、成灾率、绝收率和综合损失率动态

现次数明显增加。重旱发生年份分别为 1960 年、1962 年、1966 年、1981 年、1991 年、1992 年、2003 年、2004 年、2005 年、2008 年、2009 年和 2011 年。特旱在 20 世纪 70 年代 5 年一遇，80 年代 3~4 年一遇，90 年代和 21 世纪初 2~3 年一遇。特旱发生年份分别为 1971 年、1979 年、1982 年、1986 年、1987 年、1994 年、1995 年、1997 年、1999 年、2000 年、2001 年、2006 年和 2007 年。

甘肃省农业干旱灾害损失总体呈增加趋势，干旱发生频次增多、危害加重。特别是 20 世纪 90 年代以来农业干旱等级均在中旱以上，且以特旱和中旱居多，影响程度重与范围大的农业干旱呈加剧趋势。

甘肃省不同年代干旱灾害损失发生规律具有差异性。20 世纪 60 年代以来，甘肃全省农业干旱平均受灾、成灾和绝收率均呈增加趋势（见图 2）。

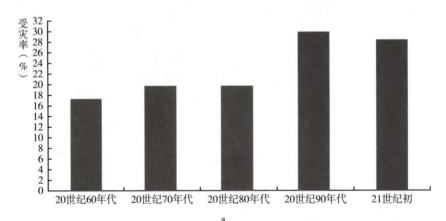

a

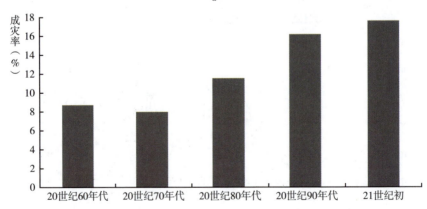

b

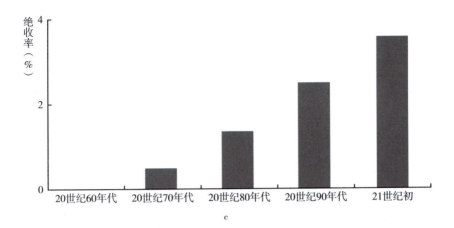

c

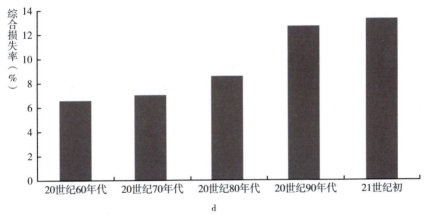

d

图 2　1961~2012 年农业干旱受灾率（a）、成灾率（b）、绝收率（c）和综合损失率（d）变化情况

农业干旱受灾率除 20 世纪 80 年代（低于 70 年代）和 21 世纪初（低于 90 年代）外，其他年代均呈增加趋势，20 世纪 90 年代最大（30.2%），其次为 21 世纪初，20 世纪 60 年代最小（17.5%）。农业干旱成灾率除 20 世纪 70 年代（低于 60 年代）外，其他年代均呈增加趋势，21 世纪初最大（17.6%），20 世纪 70 年代最小（8.0%）。农业干旱绝收率各年代均呈持续上升趋势，2010~2012 年最大（3.6%），20 世纪 60 年代最小。农业干旱综合损失率自 20 世纪 60 年代以来均呈增加趋势，21 世纪初达到最大。

甘肃省发生大旱（综合损失率大于14%）的年份有13年，根据农业干旱综合损失率由大到小排序，依次为1995年、2000年、2007年、1997年、1994年、2001年、1982年、2006年、1987年、1999年、1986年、1979年和1971年，其中20世纪70年代2次、80年代3次，90年代和21世纪初为8次；对农业干旱综合灾损率大于14%的大旱，20世纪70年代平均6年一遇，80年代平均4年一遇，90年代和21世纪初平均3年一遇。甘肃省综合损失影响程度重与范围大的农业干旱均呈加剧趋势。

自20世纪60年代以来，甘肃全省农业干旱受灾率、成灾率、绝收率和综合损失率均明显高于全国平均水平。20世纪60~90年代和21世纪首个十年的农业干旱综合损失率平均分别为6.6%、7.0%、8.5%、12.6%和13.2%，均高于全国平均水平，其中21世纪首个十年较全国平均值高出6.7个百分点，约为多年平均值的2倍。21世纪首个十年甘肃省全省农业干旱受灾率、成灾率、绝收率和综合损失率分别为28.6%、18.1%、3.4%和13.2%，也均高于全国水平（13.09%、7.07%、1.63%和5.51%），反映出21世纪以来甘肃省面临的农业干旱影响更严重。

（二）农业干旱灾损的空间动态

1985~2015年甘肃省各地都有干旱灾害损失发生，各年代干旱灾害损失空间分布具有差异性，且以河东干旱灾害损失较大、范围较广（见图3）。

1985~1990年，中度以上干旱灾害损失区域主要位于武威东北部、兰州市东部、白银市、定西市中北部和庆阳市西北部。1991~2000年，干旱灾害损失范围较大，灾害损失较重；全省除张掖市、临夏州、平凉市部分地方、甘南州、天水市和陇南市外，其余地方干旱灾害损失都较严重，其中次高损失区及高损失区主要位于酒泉市西部、武威市中部、兰州市西北部、定西市东北部和庆阳市。2001~2010年，干旱灾害损失范围更广、灾害更严重，全省大部分干旱灾害损失区域属于中损失区。其中，高损失区主要位于张掖市中东部、武威市中部、白银市东南部、定西市东部、平凉市西北部和庆阳市

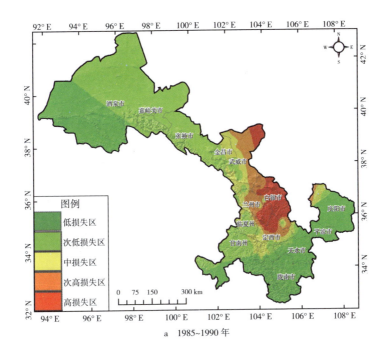

a　1985~1990 年

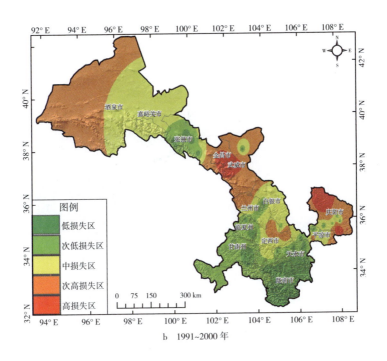

b　1991~2000 年

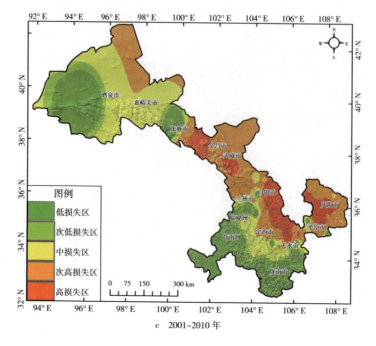

c 2001~2010 年

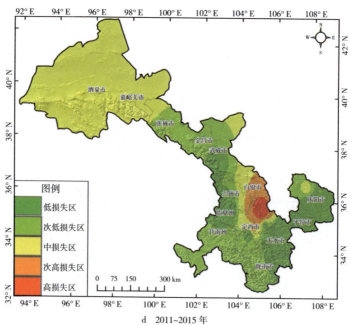

d 2011~2015 年

图 3　1985~2015 年甘肃干旱灾损的空间分布

西部；中损失区及更严重损失区除酒泉市西南部、张掖市西部、临夏州西部、甘南州、天水市南部和陇南市南部外，其余各地干旱灾害损失程度都在中度以上。2011~2015 年，干旱灾害损失范围相对较小，尤其是高损失区仅位于白银市中南部和定西市东北部；酒泉市、嘉峪关市、武威市东北部和庆阳市北部为中损失区，其余地方干旱灾害损失较小。综上所述，1985~2015年甘肃干旱灾害损失范围和程度在各年代差异显著。

总体而言，甘肃省干旱损失以旱作区的损失较大，南部湿润、半湿润气候区的损失较小，其中河西为灌溉农业区，是否受旱主要取决于祁连山融雪量，与本地区降水量的关系不大。灌溉水源稳定（如张掖）的地区受本地干旱的影响不大；但大范围严重干旱也可会导致灌溉水量大幅度下降，从而也会造成农业的较大损失，如武威在 21 世纪初受到的影响。

二 风雹灾害

（一）风雹灾损的时间动态

1961~2014 年，甘肃省风雹灾害综合损失率呈增加趋势，增加速率为0.29%/10a（见图 4）。1961~2014 年风雹灾害综合损失率平均为 2.94%，其中 1973 年最高，达 8.93%，其次是 1993 年（7.49%）、2002 年（7.50%）和

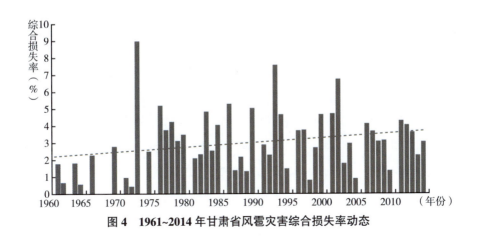

图 4　1961~2014 年甘肃省风雹灾害综合损失率动态

1986 年（6.69%）。甘肃省风雹灾害综合损失率的变化情况为：2011~2014 年最大，达 3.45%；其次是 20 世纪 90 年代（3.36%）和 70 年代（3.21%）；60 年代最小，为 3.21%（见图 5）。

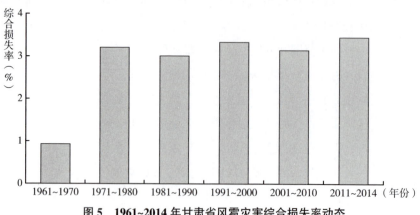

图 5　1961~2014 年甘肃省风雹灾害综合损失率动态

（二）风雹灾损的空间动态

1985~2015 年甘肃省各地都发生风雹灾害损失，各年代风雹灾害损失空间分布具有差异性，河西风雹灾害损失较大、范围较广（见图 6）。1985~1990 年，酒泉市、张掖市西部、白银市西北部风雹灾害损失大，除武威市中部、定西市西部、临夏州、甘南州、平凉市、庆阳市、天水市和陇南市风雹灾害损失较小外，其余各地风雹灾害损失程度在中度以上。1991~2000 年，陇东风雹灾害损失范围较大，灾害损失较重。全省次高损失区及高损失区主要位于张掖市中部、武威市、金昌市、白银市东北部、平凉市、庆阳市、天水市东部和陇南市东部。2001~2010 年，河西风雹灾害损失范围更广、灾害损失更严重。河西五市风雹灾害损失都较高，河东除庆阳市西北部和陇南市南部外，其余地区风雹灾害损失较小。2011~2015 年，风雹灾害损失程度相对较小，高损失区范围也发生了明显变化，中度及以上风雹灾害损失区主要位于酒泉市东部、嘉峪关市、金昌市、定西市南部、庆阳市中北部、甘南州、天水市和陇南市。

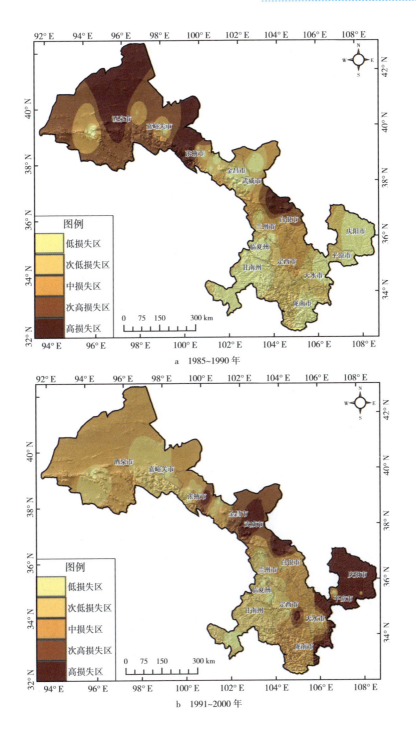

a 1985~1990年

b 1991~2000年

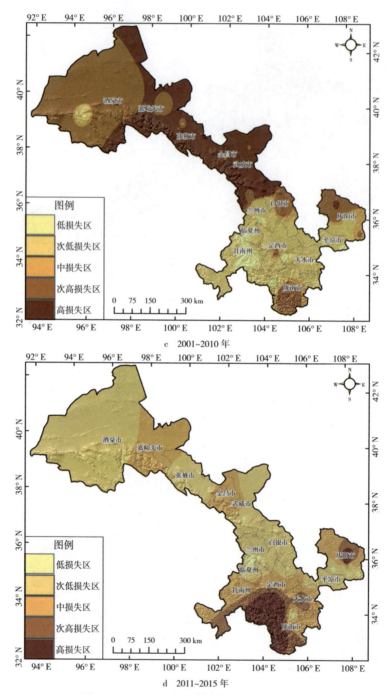

c 2001~2010 年

d 2011~2015 年

图 6 1985~2015 年甘肃风雹灾损的空间分布

三 暴雨洪涝灾害

（一）暴雨洪涝灾损的时间动态

1961~2014 年甘肃省暴雨洪涝灾害综合损失率呈增加趋势，增加速率为 0.45%/10a（见图 7）。1961~2014 年甘肃省暴雨洪涝灾害综合损失率年平均值为 2.62%，其中 1992 年最高（8.06%），其次是 1984 年（6.92%）、1996 年（6.67%）和 1988 年（5.84%）。

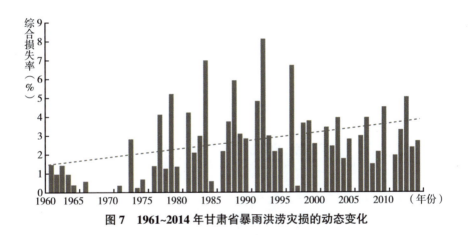

图 7　1961~2014 年甘肃省暴雨洪涝灾损的动态变化

甘肃省暴雨洪涝灾害综合损失率的变化情况为：20 世纪 90 年代暴雨洪涝灾害损失风险最大（3.67%）；其次是 20 世纪 80 年代（3.38%）、70 年代（3.22%）、2011~2014 年（3.08%）、21 世纪首个十年（2.87%）；20 世纪 60 年代最小（0.53%）（见图 8）。

（二）暴雨洪涝灾损的空间动态

1985~2015 年各年代甘肃省暴雨洪涝灾害损失空间分布具有差异（见图 9）。21 世纪以前，暴雨洪涝灾害损失较小，而 21 世纪以来暴雨洪涝灾害损失范围扩大、程度加重。1985~1990 年，除白银市和陇南市东南部暴

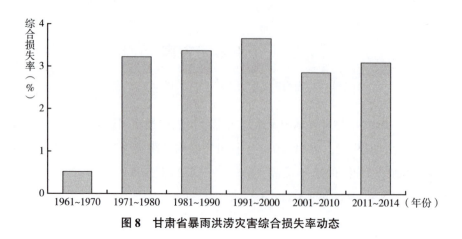

图8 甘肃省暴雨洪涝灾害综合损失率动态

雨洪涝灾害损失较重外，省内其余各地暴雨洪涝灾害损失较小。1991~2000年暴雨洪涝灾害损失也较小。武威市中部、白银市北部、兰州市西北部、庆阳市西北部和东部、陇南市东南部暴雨洪涝灾害损失程度在中度以上；

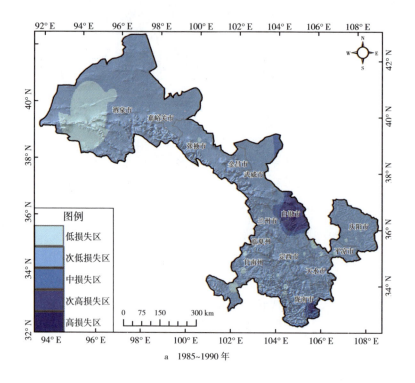

a 1985~1990年

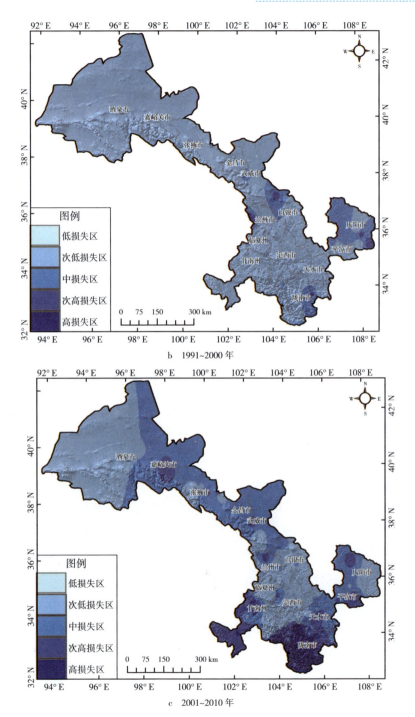

b 1991~2000 年

c 2001~2010 年

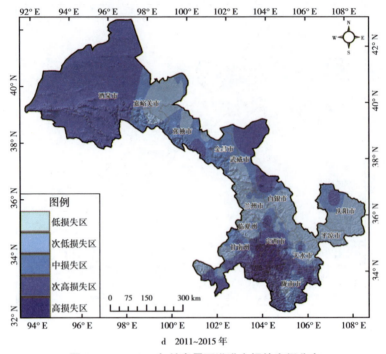

d 2011~2015 年

图9　1985~2015年甘肃暴雨洪涝灾损的空间分布

其余地区为暴雨洪涝灾害次低损失区。2001~2010 年，暴雨洪涝灾害损失范围更广、灾害损失更严重。酒泉市中东部、嘉峪关市、张掖市东北部、武威市、兰州市北部、甘南州、平凉市、庆阳市中西部、天水市和陇南市暴雨洪涝灾害损失程度在中度以上，其中嘉峪关市、甘南州、平凉市东南部、天水市西部和陇南市暴雨洪涝灾害损失非常大。2011~2015 年，暴雨洪涝灾害损失范围更大、程度更重，全省除酒泉市东部、武威市西南部、白银市南部、兰州市中南部、临夏州西部、甘南州西部、平凉市、庆阳市中南部外，其余各地暴雨洪涝灾害损失加重，尤其是暴雨洪涝灾害高损失区范围明显扩大。次高损失区及高损失区主要集中在酒泉市西部、武威市东北部、白银市东北部、定西市、庆阳市北部、甘南州南部和陇南西北部。这表明，随着气候变暖，甘肃暴雨洪涝灾害损失范围增大、程度加重。

　　总体而言，甘肃在全省平均降水量趋于减少的情况下暴雨洪涝灾害损失反而有加重的趋势，原因在于随着气候变化，小雨次数减少，大雨和暴雨次数增加。在很长的历史时期内，暴雨洪涝重灾区主要分布在降水较多的南部地区。值得注意的是，随着气候变暖，近年来河西融雪性洪水显著增加，尤其是在降水最少的酒泉地区。

四　低温灾害

（一）低温灾害灾损的时间动态

1961~2014 年甘肃省低温灾害综合损失率呈增加趋势，增加速率为 0.72%/10a（见图 10）。1961~2014 年甘肃省低温灾害综合损失率年平均值为 2.11%，其中 2004 年最高（21.53%），其次是 2006 年（9.12%）、1979 年（7.06%）和 2008 年（6.77%）。

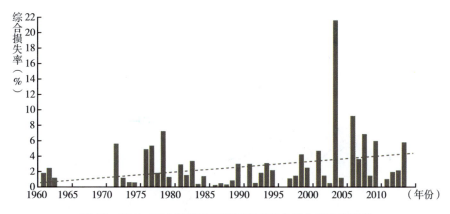

图 10　1961~2014 年甘肃省低温灾害综合损失率动态变化

甘肃省低温灾害综合损失率变化情况为：21 世纪首个十年最大（5.54%），其次是 20 世纪 70 年代（2.79%）和 2011~2014 年（2.59%），20 世纪 60 年代最小，为 0.51%（见图 11）。

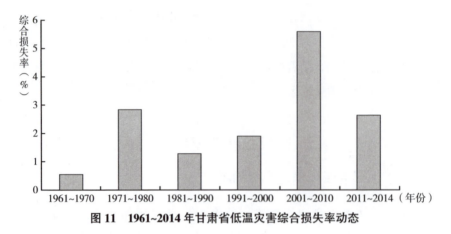

图11　1961~2014年甘肃省低温灾害综合损失率动态

（二）低温灾害损失的空间分布

1985~2015年各年代甘肃省低温灾害损失空间分布存在差异（见图12）。1985~1990年，甘肃低温灾害损失较小。1991~2000年，低温灾害损

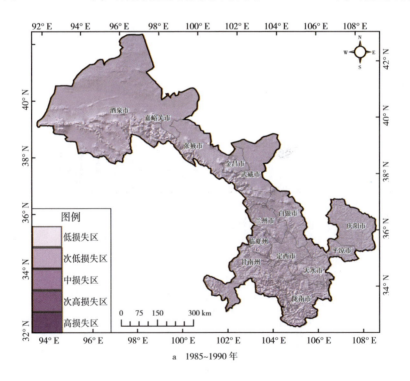

a　1985~1990年

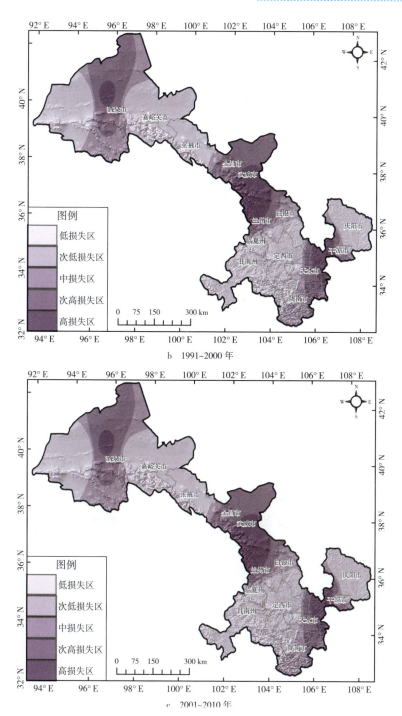

b 1991~2000 年

c 2001~2010 年

097

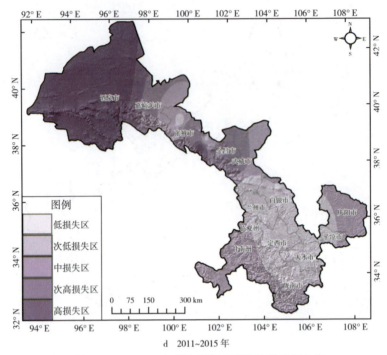

d 2011~2015 年

图 12 1985~2015 年甘肃低温灾害损失的空间分布

失范围较 1985~1990 年扩大、程度加重，酒泉市中部、武威市、兰州市北部、白银市西北部、平凉市和天水市低温灾害损失较重。2001~2010 年，甘肃省低温灾害损失范围几乎覆盖全省，损失程度大部分在中度以上，全省除嘉峪关、白银市南部、临夏州、甘南州、天水市西部和陇南市西北部低温损失较小外，其余地区遭受低温灾害损失较大。2011~2015 年，低温灾害损失范围较 2001~2010 年缩小，但是河西，尤其是酒泉市西部低温灾害损失仍然很大，而河东低温灾害损失较小。

在气候变暖背景下，甘肃省低温灾害呈加重趋势，一方面是由于气候波动加剧，极端低温事件多发；另一方面是因为随着气候变暖，甘肃省越来越多地引进生育期更长和抗寒性减弱的作物与品种，复种指数也相应提高，从而使得低温灾害之下农作物的脆弱性增大。

B .6
农业病虫草鼠害演变趋势及其影响

农业病虫草鼠害是甘肃省主要农业自然灾害之一，具有种类多、影响大且时常暴发成灾的特点。据 20 世纪 70 年代的不完全统计，全省农作物病虫草鼠害种类有 1870 多种，其中病害 330 余种、虫害 1446 种、草害 8 种、鼠害 16 种，甘肃陇南更是全国小麦条锈病的主要发源地。基于全省农区 46 个气象站点 1981~2015 年逐月气象资料、全省农作物病虫草鼠害的危害、种植面积、防治挽回及造成损失等逐年资料，评估气候变化对农业病虫草鼠害和粮食生产的影响。

一 农业病虫草鼠害变化

1981~2015 年，气候变化导致的农区温度、降水、相对湿度、降水日数、降水强度等气象因子变化总体有利于全省农业病虫草鼠害发生面积扩大，危害程度加剧；全省农业种植面积由 1981 年的 5107 万亩增加到 2015 年的 6346 万亩，增加了 24.26%，而病虫草鼠害发生面积由 5333 万亩次增加到 15332 万亩次，增加了 1.87 倍。农田种植面积年递增率为 29.65 万亩，而病虫草鼠害、病害、虫害、草害、鼠害发生面积变化率分别为 228.22 万亩次、132.12 万亩次、74.50 万亩次、46.23 万亩次、-9.69 万亩次，分别是种植面积递增率的 7.70 倍、4.46 倍、2.55 倍、1.56 倍、-0.33 倍（见图 1~ 图 3）。

1981~2015 年，全省农区年平均温度、降水强度分别以 0.49℃ /10a、0.1mm/（d·10a）的速率增加，而年平均降水量、降水日数、相对湿度分别以 0.86mm/10a、1.79d/10a、0.87%/10a 的速率减少；病虫草鼠害、病害、虫害、草害、鼠害发生面积率分别以 0.31/10a、0.20/10a、0.08/10a、0.06/10a、-0.03/10a 的速率变化（见表 1）。

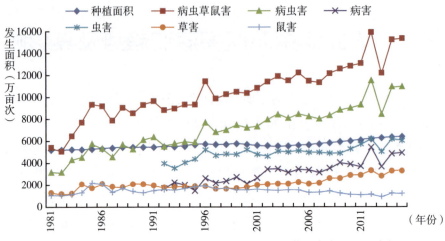

图1 1981~2015年甘肃省农业种植面积和病虫草鼠害发生面积动态

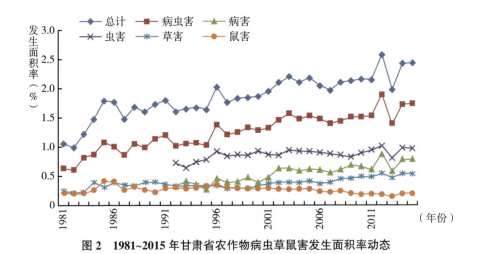

图2 1981~2015年甘肃省农作物病虫草鼠害发生面积率动态

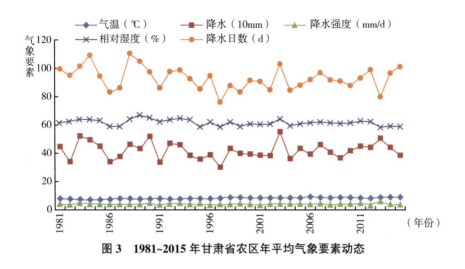

图3　1981~2015 年甘肃省农区年平均气象要素动态

表1　1981~2015 年全省农区气候变化与病虫草鼠害变化的统计事实

统计项目	平均值	增减速率
年平均温度	8.7℃	0.49℃/10a
年平均降水量	419.4mm	−0.86mm/10a
年平均降水日数	93.0d	−1.79d/10a
年平均降水强度	4.54mm/d	0.1mm/（d·10a）
年平均相对湿度	62.4%	−0.87%/10a
年病虫草鼠害发生面积率	1.77	0.31/10a
年病害发生面积率	0.48	0.20/10a
年虫害发生面积率	0.83	0.08/10a
年草害发生面积率	0.34	0.06/10a
年鼠害发生面积率	0.26	−0.03/10a

　　病虫草鼠害发生面积率主要受农区温度的影响。农区年平均温度每增加1℃，病虫草鼠害发生面积率距平将变化 0.3361（见图4）；如果以 2011~2015 年发生面积平均值 14321 万亩次计算，相当于面积变化 4813.3 万亩次。

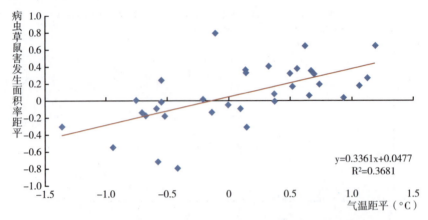

图4　甘肃省病虫草鼠害发生面积率距平与农区气温距平的关系

（一）农业病害变化

1992~2015年，气候变化导致的农区温度、降水等气象因子变化总体有利于全省农业病害发生面积扩大，危害程度加剧；全省病害发生面积由1609.9万亩次增至4888.7万亩次，增加了2.04倍（见图1~图3）。

农区病害发生面积率受温度影响。农区年平均温度每增加1℃，病害发生面积率将变化0.1206（见图5）；如果以2011~2015年发生面积平均值4453.6万亩次计算，相当于面积变化537.1万亩次。

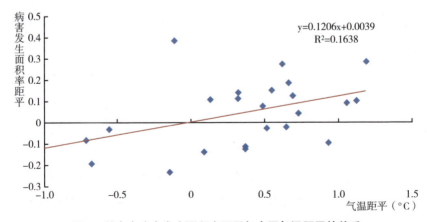

图5　甘肃省病害发生面积率距平与农区气温距平的关系

虽然甘肃省的降水减少和湿度下降对大多数病害有一定抑制作用，但随着气候变暖，各种病害的发生范围向更高纬度与海拔扩展，加上极端降水事件的增多，病害发生面积不断扩大。

（二）农业虫害变化

1992~2015年，气候变化导致的农区温度、降水等气象因子变化总体有利于全省农业虫害发生面积扩大，危害程度加剧；全省虫害发生面积由3871.8万亩次增至6020.7万亩次，增加了55.5%（见图1~图3）。

农区虫害发生面积率主要受温度的影响。农区年平均温度每增加1℃，虫害发生面积率将变化0.0635（见图6）；如果以2011~2015年发生面积平均值5764.7万亩次计算，相当于面积变化366.1万亩次。

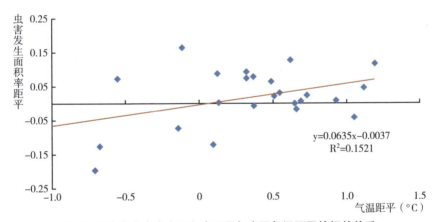

$$y=0.0635x-0.0037$$
$$R^2=0.1521$$

图6 甘肃省虫害发生面积率距平与农区气温距平的相关关系

降水减少有利于大多数害虫的生存与繁衍，气温升高使得害虫分布范围向更高纬度与海拔扩展，危害期延长，一年中的繁衍数量增加。气候变暖与人类活动导致甘肃省农业害虫的天敌数量减少和活动规律改变，也是虫害加重的一个原因。

（三）农业草害变化

1992~2015 年，气候变化导致的农区温度、降水等气象因子变化总体有利于全省农业草害发生面积扩大，危害程度加剧；全省草害发生面积由 1696.6 万亩次增至 3280.3 万亩次，增加了 93.34%（见图 1~图 3）。

农区草害发生面积率主要与降水日数有关。农区降水日数每增加 1 天，草害发生面积率将变化 0.0042（见图 7）；如果以 2011~2015 年发生面积平均值 3074 万亩次计算，相当于面积变化 12.9 万亩次。

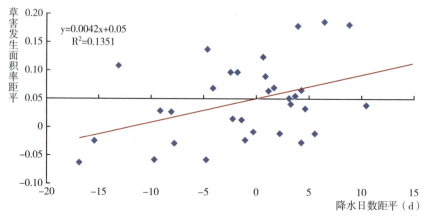

图 7　甘肃省草害发生面积率距平与农区降水日数距平的相关关系

虽然甘肃全省各地的降水日数有增有减，特别是河东地区以减少为主，河西地区有所增加，但各地草害发生面积都有扩大趋势，主要原因在于气温升高使各种杂草的萌芽提前，生长期延长，对作物的竞争力增强，尤其二氧化碳浓度增高对于 C3 类杂草的施肥效应更加明显。

（四）农业鼠害变化

1992~2015 年，甘肃省鼠害发生面积由 1551.3 万亩次减至 1139.7 万亩次，减少了 27%（见图 1~图 3）。农区鼠害发生面积率主要受气温影响。农区年平均温度每增加1℃，鼠害发生面积率将变化 –0.0475（见图8）；如果以2011~2015 年发生面积平均值 1023 万亩次计算，相当于面积变化 –48.6 万亩次。

虽然降水减少与气温升高有利于甘肃省害鼠的生存与繁衍，但极端降水事件增多对害鼠有明显的抑制作用，农谚有"小暑大暑，灌死老鼠"之说。甘肃全省鼠害面积减少更可能是灭鼠技术进步与综合防治的效果。

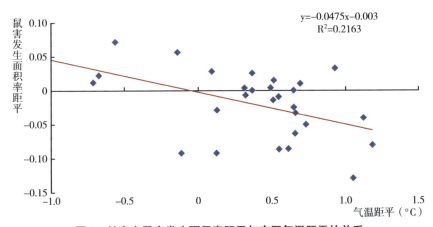

图8　甘肃省鼠害发生面积率距平与农区气温距平的关系

二　粮食作物病虫害变化

（一）小麦

1981~2015 年，全省小麦种植面积由 1981 年的 2089 万亩减少到 2015 年的 1192 万亩，减少了 42.9%，由于种植结构调整和气候变化等原因，小麦病虫害发生面积先增加后减少，发生面积由 1981 年的 2623 万亩次增加到 1996 年的 5358 万亩次，之后逐渐减少到 2015 年的 2819 万亩次。种植面积年递减率为 36.4 万亩，而病虫害、病害、虫害发生面积在 1981~1996 年的递增率分别为 119.3 万亩次、10.8 万亩次、108.5 万亩次，1997~2015 年的递减率分别为 134.3 万亩次、39.2 万亩次、95.1 万亩次（见图9、图10）。

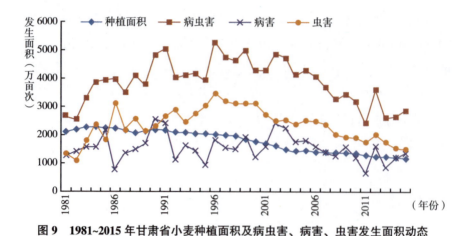

图 9　1981~2015 年甘肃省小麦种植面积及病虫害、病害、虫害发生面积动态

图 10　1981~2015 年甘肃省小麦病虫害、病害、虫害发生面积率动态

　　小麦病虫害、病害和虫害发生面积主要受小麦全生育期的平均温度与最高气温的影响。各年代降水量波动较大，极端降水事件趋多趋强，但病虫害发生与生育期降水量的关系不显著（见图 11~ 图 14）。如果以 2011~2015 年种植面积平均值 1219.9 万亩计算，平均温度每增加 1℃，将导致小麦病虫害、病害和虫害发生面积分别增加 466.02 万亩次、166.77 万亩次、299.38 万亩次；极端最高气温每增加 1℃，将使小麦病虫害、病害和虫害发生面积分别增加 296.33 万亩次、93.20 万亩次、203.12 万亩次（见表 2）。

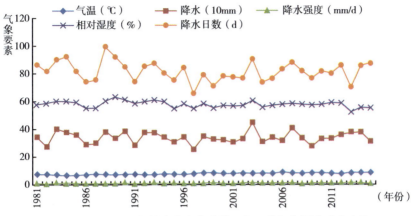

图11 1981~2015 年甘肃省小麦种植区年平均气象要素动态变化

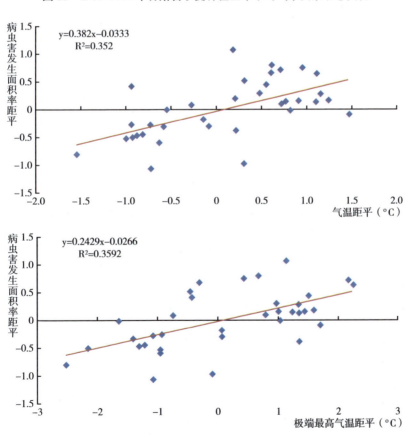

图12 小麦病虫害发生面积率距平与全生育期气象要素距平的相关关系

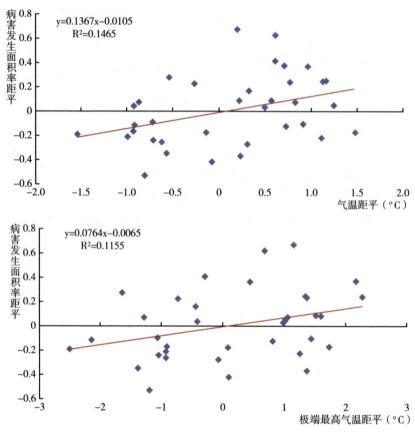

图 13　小麦病害发生面积率距平与全生育期气象要素距平的相关关系

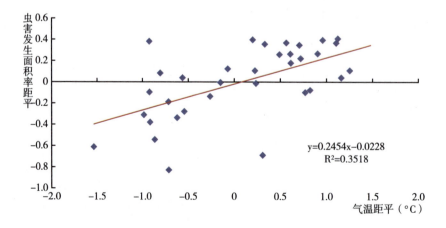

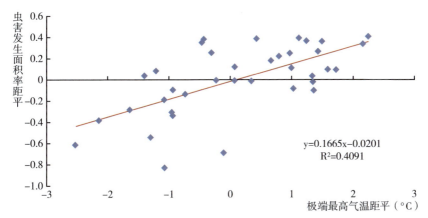

$y=0.1665x-0.0201$
$R^2=0.4091$

图 14　小麦虫害发生面积率距平与全生育期气象要素距平的相关关系

表 2　1981~2015 年甘肃省气候变化与小麦病虫害发生面积率变化的关系

气象要素增减量	生育时段	统计项目	病虫害发生		病害发生		虫害发生	
			面积率	面积（万亩次）	面积率	面积（万亩次）	面积率	面积（万亩次）
		基数	2.23	4044.27	0.89	1603.02	1.34	2441.19
平均温度增加 1℃	全生育期	变化值	0.38	466.02	0.14	166.77	0.25	299.38
	4~6 月		0.35	424.66	0.09	110.41	0.26	314.26
极端最高气温增加 1℃	全生育期		0.24	296.33	0.08	93.20	0.17	203.12
	4~6 月		0.19	234.47	0.04	45.87	0.15	188.60

（二）玉米

1981~2015 年，全省玉米种植面积由 1981 年的 451 万亩增加到 2015 年的 1557 万亩，增加了 2.45 倍，而病虫害发生面积由 167.6 万亩次增加到 2945.8 万亩次，增加了 16.58 倍。玉米种植面积年递增率为 32 万亩，而病虫害、病害、虫害递增率分别为 71.1 万亩次、27.7 万亩次、43.9 万亩次，分别是种植面积递增率的 2.22 倍、0.87 倍、1.37 倍（见图 15、图 16）。

1981~2015 年，玉米全生育期平均温度、平均降水强度分别以 0.49℃/10a、0.1mm/（d·10a）的速率增加，而降水量、降水日数和平均相对湿度分别以 2.5mm/10a、1.32d/10a、0.14%/10a 的速率减少；病虫害、病害、虫害发生面积率以 0.34/10a、0.16/10a、0.19/10a 的速率增加（见图 17、表 3）。

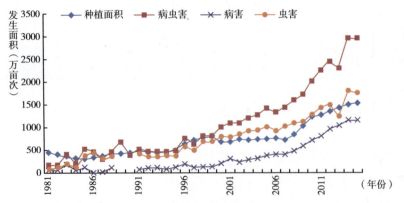

图15 1981~2015年甘肃省玉米种植面积及病虫害、病害、虫害发生面积动态

图16 1981~2015年甘肃省玉米病虫害、病害、虫害发生面积率动态

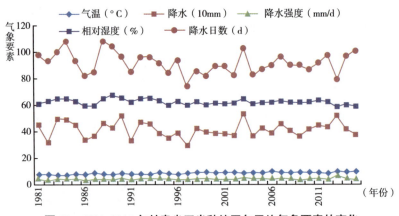

图17 1981~2015年甘肃省玉米种植区年平均气象要素的变化

表 3　1981~2015 年甘肃省气候变化与玉米病虫害发生面积变化的关系

	全生育期		5~8 月	
	多年平均值	增减速率	多年平均值	增减速率
平均温度	16.9℃	0.49℃/10a	18.9℃	0.48℃/10a
降水量	349.1mm	−2.5mm/10a	262.4mm	−6.79mm/10a
降水日数	61.5d	−1.32d/10a	43.1d	−1.39d/10a
平均降水强度	5.7mm/d	0.1mm/（d·10a）	6.1mm/d	0.05mm/（d·10a）
平均相对湿度	63.8%	−0.14%/10a	64.1%	−1.58%/10a
年病虫害发生面积率	1.27	0.34/10a	1.27	0.34/10a
年病害发生面积率	0.33	0.16/10a	0.33	0.16/10a
年虫害发生面积率	0.94	0.19/10a	0.94	0.19/10a

病虫害与生育期气温的关系比较显著，病虫害及病害与最低气温的关系比较显著，而虫害与最高气温的关系比较显著。玉米病虫害、病害和虫害发生面积率距平与全生育期温度、相对湿度、最高气温、最低气温距平的关系如图 18~ 图 20 所示。如果以 2011~2015 年玉米种植面积平均值 1436.8 万亩计算，平均温度每增加 1℃，将导致玉米病虫害、病害和虫害发生面积分别

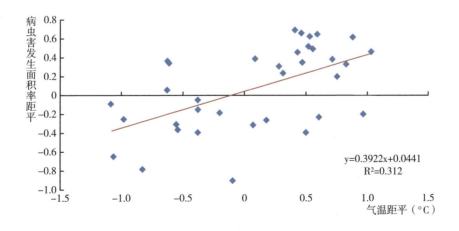

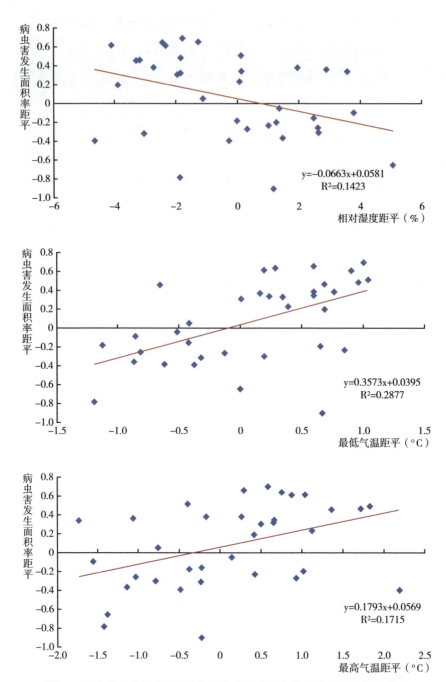

图18 玉米病虫害发生面积率距平与全生育期气象要素距平的相关关系

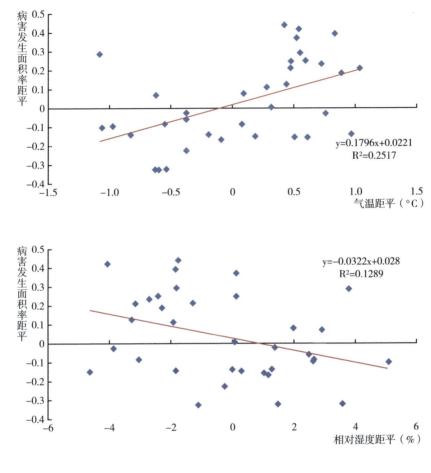

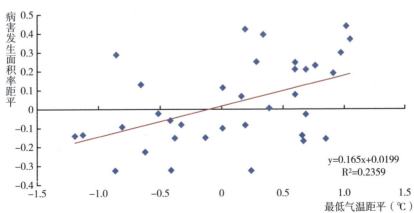

113

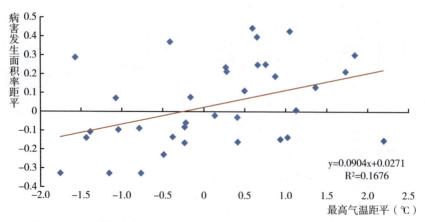

图 19　玉米病害发生面积率距平与全生育期气象要素距平的相关关系

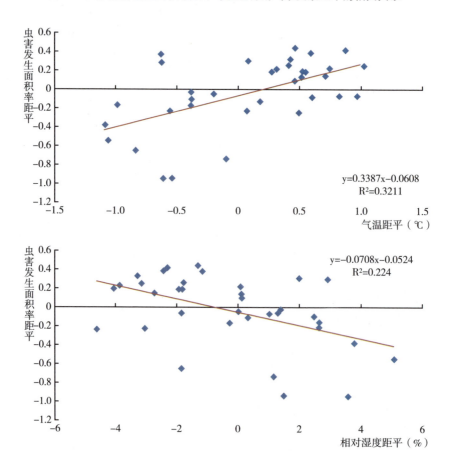

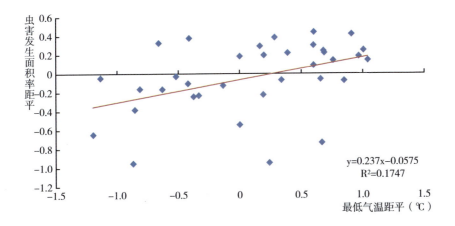

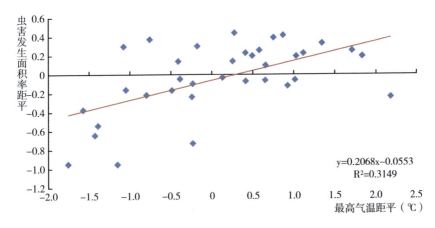

图 20　玉米虫害发生面积率距平与全生育期气象要素距平的相关关系

增加 563.53 万亩次、258.06 万亩次、486.66 万亩次；平均相对湿度每增加 1%，将使玉米病虫害、病害和虫害发生面积分别减少 95.26 万亩次、46.27 万亩次、101.73 万亩次；最高气温每增加 1℃，将使玉米病虫害、病害和虫害发生面积分别增加 257.63 万亩次、129.89 万亩次、297.14 万亩次；最低气温每增加 1℃，将使玉米病虫害、病害和虫害发生面积分别增加 513.38 万亩次、237.08 万亩次、340.53 万亩次（见表 4）。

表4 1981~2015年甘肃省气候变化与玉米病虫害发生面积率变化的关系

气象因子增减量	生育时段	统计项目	病虫害发生		病害发生		虫害发生	
			面积率	面积（万亩次）	面积率	面积（万亩次）	面积率	面积（万亩次）
		基数	1.27	826.71	0.33	223.77	0.94	622.37
平均温度增加1℃	全生育期	变化值	0.39	563.53	0.18	258.06	0.34	486.66
	5~8月		0.33	469.70	0.15	217.82	0.28	406.19
平均相对湿度增加1%	全生育期		−0.07	−95.26	−0.03	−46.27	−0.07	−101.73
	5~8月		−0.04	−55.75	−0.02	−31.75	−0.03	−46.70
最高气温增加1℃	全生育期		0.18	257.63	0.09	129.89	0.21	297.14
	5~8月		0.18	262.65	0.11	159.49	0.18	265.10
最低气温增加1℃	全生育期		0.36	513.38	0.17	237.08	0.24	340.53
	5~8月		0.29	416.97	0.13	179.75	0.22	316.10

（三）马铃薯

2008~2015年，全省马铃薯种植面积由986.1万亩增加到1000万亩，而病虫害发生面积由1584万亩次增加到1839万亩次。种植面积年递增率为7.56万亩，而病虫害及病、虫害面积年递增率分别为67.4万亩次、30.3万亩次、53.5万亩次，分别是种植面积年递增率的8.92倍、4.0倍、7.08倍（见图21、

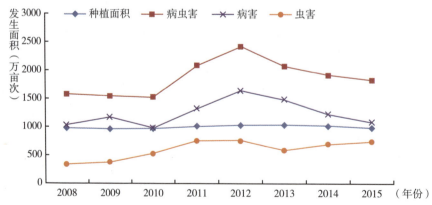

图21 2008~2015年甘肃省马铃薯种植面积及病虫害、病害、虫害发生面积动态

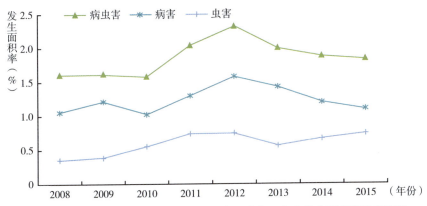

图22　2008~2015年甘肃省马铃薯病虫害、病害、虫害发生面积率动态变化

图22）。

1981~2015年，马铃薯全生育期平均温度、平均降水强度分别以0.48℃/10a、0.10mm/（d·10a）的速率增加，而降水量、降水日数、平均相对湿度分别以3.33mm/10a、1.58d/10a、1.43%/10a的速率减少；病虫害及病害、虫害发生面积率以0.54/10a、0.21/10a、0.50/10a的速率增加（见图23、表5）。

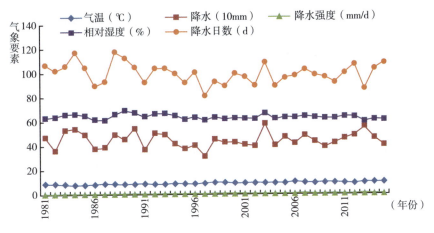

图23　1981~2015年甘肃省马铃薯种植区年平均气象要素的变化

表5 1981~2015年甘肃省气候变化与马铃薯病虫害发生面积变化

	全生育期		5~8月	
	多年平均值	增减速率	多年平均值	增减速率
平均温度	16.44℃	0.48℃/10a	18.40℃	0.46℃/10a
降水量	372.34mm	−3.33mm/10a	280.44mm	−7.33mm/10a
降水日数	66.52d	−1.58d/10a	46.39d	−1.47d/10a
平均降水强度	5.58mm/d	0.10mm/(d·10a)	6.02mm/d	0.05mm/(d·10a)
平均相对湿度	65.27%	−1.43%/10a	65.51%	−1.56%/10a
年病虫害发生面积率	1.86	0.54/10a	1.86	0.54/10a
年病害发生面积率	1.24	0.21/10a	1.24	0.21/10a
年虫害发生面积率	0.60	0.50/10a	0.60	0.50/10a

马铃薯病虫害及病害发生与生育期降水量和中雨日数的关系显著，虫害发生与生育期气温、降水日数关系较显著（见图24~图26）。如果以2011~2015年马铃薯种植面积平均值1026.8万亩计算，降水量每增加1mm，将使马铃薯病虫害和病害发生面积分别增加2.36万亩次、2.05万亩次；中雨日数每增加1d，将使马铃薯病虫害和病害发生面积分别增加85.84万亩次、57.5万亩次。平均温度每增加1℃，将导致马铃薯虫害发生面积减少788.05万亩次；降水日数每增加1d，将使马铃薯虫害发生面积增加27万亩次（见表6）。

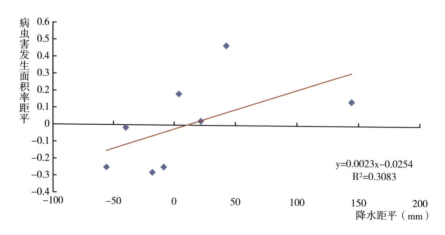

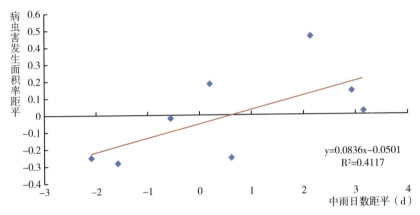

图 24　马铃薯病虫害发生面积率距平与全生育期气象要素距平的相关关系

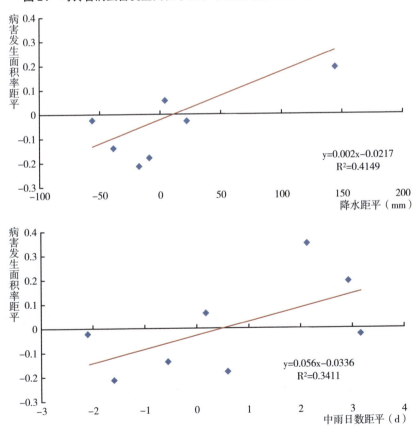

图 25　马铃薯病害发生面积率距平与全生育期气象要素距平的相关关系

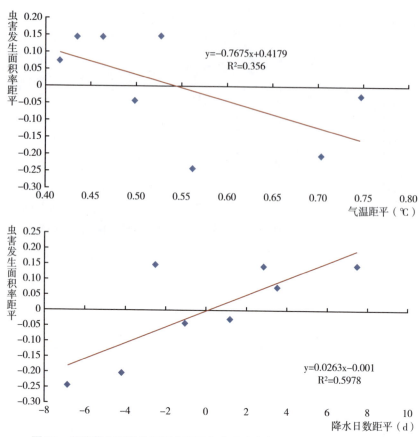

图26 马铃薯虫害发生面积率距平与全生育期气象要素距平的相关关系

表6 2008~2015年甘肃省气候变化与马铃薯病虫害面积率变化的关系

气象因子增减量	生育时段	统计项目	病虫害发生		病害发生		虫害发生	
			面积率	面积（万亩次）	面积率	面积（万亩次）	面积率	面积（万亩次）
		基数	1.86	1876.12	1.24	1248.78	0.60	602.91
平均温度增加1℃	全生育期	变化值	—	—	—	—	−0.77	−788.05
	5~8月		—	—	—	—	−0.27	−273.43
降水量增加1mm	全生育期		0.00	2.36	0.00	2.05	—	—
	5~8月		0.00	1.75	0.00	1.95	—	—

气象因子增减量	生育时段	统计项目	病虫害发生		病害发生		虫害发生	
			面积率	面积（万亩次）	面积率	面积（万亩次）	面积率	面积（万亩次）
		基数	1.86	1876.12	1.24	1248.78	0.60	602.91
降水日数增加 1d	全生育期	变化值	—	—	—	—	0.03	27.00
	5~8 月		—	—	—	—	0.03	28.85
中雨日数增加 1d	全生育期		0.08	85.84	0.06	57.50	0.03	28.24
	5~8 月		0.12	120.03	0.10	106.99	0.02	18.79

三 农业病虫害对粮食产量的影响

（一）农业病虫害对粮食作物单产的影响

1. 小麦

1985~2015 年，全省小麦平均单产为 184.60 公斤 / 亩，年递增速率为 2.87 公斤 / 亩。病虫害、病害、虫害损失平均值分别为 6.41 公斤 / 亩、3.45 公斤 / 亩和 2.96 公斤 / 亩，而病虫害导致的可能损失年增长速率为 0.41 公斤 / 亩，由于挽回损失年增长速率为 0.43 公斤 / 亩，防治后实际损失呈逐年减少趋势，年减少速率为 0.02 公斤 / 亩；其中，病害实际损失年减少速率为 0.03 公斤 / 亩，虫害实际损失年增长速率为 0.01 公斤 / 亩（见表 7）。1985~2015 年，病虫害导致的全省小麦单产实际损失平均为 6.41 公斤 / 亩，最大值出现在 1985 年，达到 13.21 公斤 / 亩，最小值为 2001 年的 3.91 公斤 / 亩；其中，病害实际损失最大值为 9.71 公斤 / 亩，出现在 1985 年，最小值为 2011 年的 1.21 公斤 / 亩；虫害实际损失最大值为 6.04 公斤 / 亩，出现在 1998 年，最小值为 1986 年的 1.98 公斤 / 亩。病虫害、病害、虫害导致的可能损失最大值分别达到 34.04 公斤 / 亩、23.68 公斤 / 亩、15.44 公斤 / 亩，最小值为 11.2 公斤 / 亩、4.39 公斤 / 亩、6.05 公斤 / 亩。

表7 1985~2015年甘肃省小麦单产病虫害损失

单位：公斤／亩

全省小麦单产		增减速率	平均值	最大值	最小值
		2.872	184.6	247.1	136.0
实际损失	病虫害	−0.0237	6.41	13.21	3.91
	病害	−0.0308	3.45	9.71	1.21
	虫害	0.0071	2.96	6.04	1.98
挽回损失	病虫害	0.4296	14.92	25.32	5.43
	病害	0.2457	7.26	17.61	1.57
	虫害	0.1839	7.66	11.24	3.38
可能损失	病虫害	0.4059	21.33	34.04	11.2
	病害	0.2149	10.71	23.68	4.39
	虫害	0.191	10.62	15.44	6.05

2. 玉米

1985~2015年，全省玉米平均单产为331.95公斤／亩，年递增速率为5.12公斤／亩。病虫害、病害、虫害实际损失平均值分别为5.91公斤／亩、1.99公斤／亩、3.98公斤／亩，而病虫害导致的可能损失年增长速率为0.76公斤／亩，由于挽回损失年增长速率为0.77公斤／亩，防治后实际损失呈逐年减少趋势，年减少速率为0.005公斤／亩；其中，病害实际损失年增长速率为0.08公斤／亩，虫害实际损失年减少速率为0.10公斤／亩（见表8）。1985~2015年，病虫害导致的全省玉米单产实际损失平均为5.91公斤／亩，最大值出现在1985年，达到22公斤／亩，最小值为1998年的2.29公斤／亩；其中，病害实际损失最大值为5.02公斤／亩，出现在1985年，最小值为1986年的0.002公斤／亩；虫害实际损失最大值为16.98公斤／亩，出现在1985年，最小值为1992年的1.65公斤／亩。病虫害、病害、虫害导致的可能损失最大值分别为42.81公斤／亩、12.26公斤／亩、39.06公斤／亩，最小值为4.71公斤／亩、0.01公斤／亩、4.70公斤／亩。

表8　1985~2015年甘肃省玉米单产病虫害危害损失

单位：公斤/亩

全省玉米单产		增减速率	平均值	最大值	最小值
		5.116	331.95	427.84	224.39
实际损失	病虫害	−0.0047	5.91	22	2.29
	病害	0.0824	1.99	5.02	0.002
	虫害	−0.0968	3.98	16.98	1.65
挽回损失	病虫害	0.7659	13.16	38.92	2.21
	病害	0.2582	3.00	7.71	0.01
	虫害	0.4932	10.82	36.19	2.20
可能损失	病虫害	0.7612	19.07	42.81	4.71
	病害	0.3406	4.99	12.26	0.01
	虫害	0.3964	14.80	39.06	4.70

3. 马铃薯

2008~2015年，全省马铃薯平均单产为210公斤/亩，年递增速率为5.21公斤/亩。病虫害、病害、虫害损失平均值分别为10.94公斤/亩、9.1公斤/亩、1.84公斤/亩，而病虫害导致的可能损失年增长速率为4.46公斤/亩，防治后实际损失呈逐年增长趋势，年增长速率为0.83公斤/亩；其中，病害实际损失年增长速率为0.64公斤/亩，虫害实际损失年增长速率为0.19公斤/亩（见表9）。2008~2015年，病虫害导致的全省马铃薯单产实际损失平均为10.94公斤/亩，最大值出现在2013年，达到17.27公斤/亩，最小值为2008年的5.73公斤/亩；其中病害实际损失最大值为14.28公斤/亩，出现在2013年，最小值为2008年的5.08公斤/亩；虫害实际损失最大值为2.99公斤/亩，出现在2013年，最小值为2008年的0.65公斤/亩。病虫害、病害、虫害导致的可能损失最大值分别达到62.93公斤/亩、53.88公斤/亩、9.05公斤/亩，最小值为15.67公斤/亩、13.77公斤/亩、1.89公斤/亩。

表 9　2008~2015 年全省马铃薯单产病虫害危害损失

单位：公斤/亩

全省马铃薯单产		增减速率	平均值	最大值	最小值
		5.205	210	225.3	188.3
实际损失	病虫害	0.8308	10.94	17.27	5.73
	病害	0.6416	9.1	14.28	5.08
	虫害	0.1892	1.84	2.99	0.65
挽回损失	病虫害	3.631	25.77	46.72	9.93
	病害	3.2005	22.23	40.16	8.69
	虫害	0.4305	3.54	6.57	1.24
可能损失	病虫害	4.4618	36.72	62.93	15.67
	病害	3.8421	31.34	53.88	13.77
	虫害	0.6197	5.38	9.05	1.89

4. 作物单产实际损失率与可能损失率比较

1985~2015 年，病虫害、病害、虫害导致全省小麦单产损失率平均分别为 4.60%、2.47% 和 2.12%；最大分别为 9.48%、6.97% 和 4.33%（见表 10）。如果不进行病虫害防治，全省平均小麦可能损失率将达到 15.31%，是实际损失率的 3.33 倍，可能损失率最大值为 34.04%。

1985~2015 年，病虫害、病害、虫害导致全省玉米单产损失率平均分别为 2.61%、0.88% 和 1.76%；最大分别为 9.71%、2.22% 和 7.49%（见表 10）。如果不进行病虫害防治，全省平均玉米可能损失率将达到 8.41%，是实际损失率的 3.22 倍，可能损失率最大值为 18.89%。

2008~2015 年，病虫害、病害、虫害导致全省马铃薯单产损失率平均分别为 5.70%、4.74% 和 0.96%；最大分别为 9.00%、7.44% 和 1.56%（见表 10）。如果不进行病虫害防治，全省平均马铃薯可能损失率将达到 19.12%，是实际损失率的 3.35 倍，可能损失率最大值为 32.78%。

表 10　1985~2015 年甘肃省农业病虫害危害单产损失率

单位：公斤 / 亩，%

防治后		病虫害损失			病害损失			虫害损失		
		损失率	损失	单产	损失率	损失	单产	损失率	损失	单产
小麦	平均值	4.598	6.41	184.57	2.47	3.45	184.57	2.12	2.96	184.57
	最大值	9.483	13.21	139.33	6.97	9.71	139.33	4.33	6.04	190.63
	最大值年份	1985			1985			1998		
玉米	平均	2.61	5.91	331.95	0.88	1.99	331.95	1.76	3.98	331.95
	最大值	9.71	22.00	226.62	2.22	5.02	226.62	7.49	16.98	226.62
	最大值年份	1985			1985			1985		
马铃薯	平均	5.702	10.95	210.05	4.74	9.10	210.05	0.96	1.84	210.05
	最大值	8.996	17.27	219.37	7.44	14.28	219.37	1.56	2.99	219.37
	最大值年份	2013			2013			2013		

注：马铃薯相关数据的统计区间为 2008~2015 年。

（二）农业病虫害对粮食作物总产的影响

1. 小麦

1985~2015 年，全省小麦总产平均值为 3099482 吨，播种面积减少致使小麦总产呈 27075 吨 /a 的减少趋势。病虫害、病害、虫害导致的总产损失平均值为 111226.7 吨、60158.44 吨和 51068.92 吨，均呈逐年减少趋势，年递减率为 3136.8 吨 /a、2060.1 吨 /a 和 1076.6 吨 /a；病虫害损失最大值为 294594 吨，出现在 1985 年。病虫害损失年递减率为 3136.8 吨 /a，小于总产 27075 吨 /a 的减少速率（见表 11），即病虫害导致的总产损失率呈逐年减少趋势（0.07%/a）。

表 11　1985~2015 年甘肃省小麦总产病虫害危害损失

单位：吨，万亩

		增减速率（/a）	平均值	最大值	最小值
全省小麦总产		−27075	3099482	3926625	2458680
全省小麦播种面积		−40.605	1729.2	2229.7	1184.3
实际损失	病虫害	−3136.8	111226.7	294594	51931.41
	病害	−2060.1	60158.44	216556	15693.9
	虫害	−1076.6	51068.92	119819	24034.62

2. 玉米

1985~2015 年，全省玉米总产平均值为 2712077.13 吨，总产呈增加趋势，增产率为 163870 吨 /a。病虫害、病害、虫害导致的总产损失平均值分别为 46717.02 吨、18965.69 吨和 29475.44 吨，均呈逐年增加趋势，年递增率为 2815.2 吨 /a、1757.6 吨 /a 和 1106 吨 /a；病虫害损失最大值为 137122.72 吨，出现在 2013 年。病虫害损失年递增率为 2815.2 吨 /a，小于总产 163870 吨 /a 的增加速率（见表 12），即病虫害导致的总产损失率呈逐年减少趋势（0.05%/a）。

表 12　1985~2015 年甘肃省玉米总产病虫害危害损失

单位：吨，万亩

		增减速率（/a）	平均值	最大值	最小值
全省玉米总产		163870	2712077.13	6073279.0	740915.75
全省玉米播种面积		36.556	773.07	1556.63	326.94
实际损失	病虫害	2815.2	46717.02	137122.72	8769.01
	病害	1757.6	18965.69	72643.99	8
	虫害	1106	29475.44	64728.11	7927.19

3. 马铃薯

2008~2015 年，全省马铃薯总产平均值为 2116971 吨，总产呈增加趋势，增产率67459吨/a。病虫害、病害、虫害导致的总产损失平均值为111004.8吨、92341.71吨和18663.06吨，均呈逐年增加趋势，年递增率为9199.5吨、7166.1吨和2033.4吨；病虫害损失最大值为180015.5吨，出现在2013年。病虫害损失年递增率为9199.5吨，小于总产67459吨/a的增加速率（见表13），即病虫害导致的总产损失率呈逐年增加趋势（0.29%/a）。

表13　2008~2015年全省马铃薯总产病虫害危害损失

单位：吨，万亩

		增减速率（/a）	平均值	最大值	最小值
全省马铃薯总产		67459	2116971	2301907	1817397
全省马铃薯播种面积		7.56	1006.69	1044.93	965.33
实际损失	病虫害	9199.5	111004.8	180015.5	56544.64
	病害	7166.1	92341.71	148879.4	50110.49
	虫害	2033.4	18663.06	31136.14	6434.15

（三）未来粮食病虫害损失重点关注对象

综上所述，小麦、玉米、马铃薯单产可能损失率是实际损失率的3.33倍、3.32倍和3.35倍，总产可能损失率分别是实际损失率的3.19倍、3.61倍和3.37倍。2011~2015年，小麦、玉米、马铃薯单产平均值分别是231.69公斤/亩、397.46公斤/亩和219.3公斤/亩，总产平均值是2828472.72吨、5696571.86吨和2251310.05吨。实际损失与防御措施有关，在此用单产、总产可能损失分析气候变化背景下需重点关注的对象。

1985~2015年，无论是单产还是总产病虫害危害可能损失递增率均是：马铃薯＞玉米＞小麦，马铃薯病害＞虫害，玉米虫害＞病害，小麦病害＞虫害（见表14）。因此，未来需高度关注马铃薯和玉米的病虫害，尤其是马铃薯病害和玉米虫害的影响，同时也需注意小麦病害对单产的影响，进行重点防控治理。

表 14   1985~2015 年甘肃省粮食单产、总产病虫害危害可能损失增减速率

单位：公斤／亩／a，吨／a

	单产			总产		
	小麦	玉米	马铃薯	小麦	玉米	马铃薯
病虫害	0.4059	0.7612	4.4618	−1736.5	13831	47551
病害	0.2149	0.3406	3.8421	−783.06	5326.2	40965
虫害	0.191	0.3964	0.6197	−953.39	8655.7	6586

B.7

农业种植制度演变及其影响

一 作物种植北界变化

（一）一年两熟制作物

由于热量条件的差异，甘肃省除陇南部分区域的作物为一年两熟制或两年三熟制外，其余区域的作物主要以一年一熟制为主。全球气候变暖使得两熟制区域逐渐北扩，相应的一年一熟制区域呈缩小趋势。

1981~2013 年，甘肃省一年两熟制作物可种植北界较 1951~1980 年均有不同程度的北移。与 1951~1980 年相比，近 33 年（1981~2013 年）一年两熟制作物种植北界空间位移最大的地区有陇南、陇东和甘南高原（见图 1）。其中，1981~2013 年一年两熟制作物的北界从陇南北部延伸到陇东的东南部。陇南地区境内平均北移 240km，东北部地区耕作面积增加。

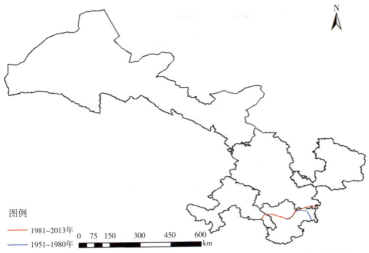

图例
—— 1981~2013年
—— 1951~1980年

图1　1981~2013 年甘肃省种植北界相对于 1951~1980 年的可能变化

（二）冬小麦北界

气候变暖使得甘肃省冬季温度明显升高，特别是最低温度显著升高，为冬小麦安全越冬提供了热量保障。与 1951~1980 年相比，1981~2013 年气候变暖导致甘肃省冬小麦种植北界不同程度地西扩，冬小麦种植北界空间位移最大的地区为河西地区和甘南高原（见图 2）。河西地区平均西扩 500km，甘南高原平均西扩 420km。

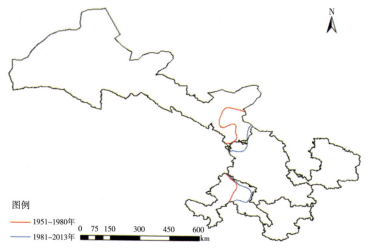

图2　1981~2013 年甘肃省冬小麦种植北界相对于 1951~1980 年的可能变化

冬小麦种植北界变动引起总产量发生变化。河西、陇中和甘南地区均表现为增产效应。河西地区冬小麦种植界限北移可使界限变化区域的小麦单产平均增产 2.28%，陇中和甘南地区则分别增产 52.68% 和 3.69%。

二　主要作物产量变化

1981~2010 年各年代甘肃省五个地区（陇中、陇东、陇南、河西和甘南）的冬小麦、春小麦、玉米、马铃薯等主要作物单产变化表明（见图 3）：

1981~2010 年冬小麦单产在陇中、陇东和陇南地区呈持续增加趋势，并以陇南增产幅度最大，达 42.73 公斤 / 亩，而在河西和甘南地区则呈先增后减趋势，增减幅度不大。春小麦单产在河西地区持续高于其他四个地区，增产幅度最大，达 47.74 公斤 / 亩，在陇中、陇东、陇南地区均呈增加趋势，30 年间分别增加 20.92 公斤 / 亩、12.43 公斤 / 亩和 4.7 公斤 / 亩，而甘南地区呈持续减少趋势。玉米为四种主要作物中单产最高的作物，五个地区的玉米单产均呈增加趋势，且以河西增产幅度最大，30 年间增加了 196.24 公斤 / 亩。马铃薯为四个主要作物中单产次高作物，变化规律类似于玉米，在五个地区均呈持续增产趋势，且以河西增产幅度最大，达 144.00 公斤 / 亩。

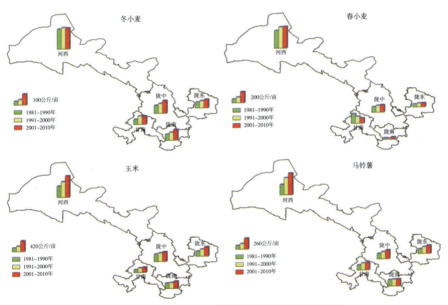

图 3　1981~2010 年甘肃省主要作物的单产变化

三　种植北界变化的产量效应

（一）一年两熟制作物

一年两熟作物种植北界由陇南东北部地区北移至陇中东南靠近分界线

处，不考虑品种变化和社会经济等因素，仅考虑气候资源变化，将使以前种植一年一熟制作物的地区可种植一年两熟制作物。这种由冬小麦、玉米、春小麦、马铃薯等一年一熟种植模式转变为冬小麦—夏玉米一年两熟种植模式的变化，将造成当地平均单产的大幅增加。陇南地区的冬小麦、玉米和马铃薯可分别增加 235.37 公斤 / 亩、153.31 公斤 / 亩和 233.01 公斤 / 亩，即增产率分别达 153.53%、65.13% 和 149.69%；在陇中地区冬小麦、玉米、春小麦和马铃薯分别增产 156.16 公斤 / 亩、298.35 公斤 / 亩、92.44 公斤 / 亩和 139.48 公斤 / 亩，即增产率分别达 84.56%、91.27%、76.42% 和 83.02%（见表 1）。

表 1　一年两熟制作物种植北界可能变化区域的增产效应

地区	作物	单产（公斤 / 亩）	增产（公斤 / 亩）	增产率（%）
陇南地区	冬小麦	153.31	235.37	153.53
	玉米	235.37	153.31	65.13
	马铃薯	155.67	233.01	149.69
	冬小麦 + 夏玉米	388.68	—	—
陇中地区	冬小麦	184.68	156.16	84.56
	玉米	326.87	298.35	91.27
	春小麦	120.96	92.44	76.42
	马铃薯	168.00	139.48	83.02
	冬小麦 + 夏玉米	511.55	—	—

（二）冬小麦

冬小麦种植北界在陇中、河西地区北移西扩，在甘南地区西扩，表明这些以前仅适宜种植春小麦的地区，由于气候资源的变化，在 1981 年以后也可以种植冬小麦，其导致的产量效应表现为春小麦单产与冬小麦单产之间的差异。简单来说，热量变化导致冬小麦种植界限发生变化，进而引起这些地区的小麦单产发生变化。表 2 给出了冬小麦种植北界变动的三个地区的产量效应，可以看出，三个地区均表现出明显的增产效应。其中，河西地区春小麦种植界限西扩可使界限变化区域的小麦单产平均增加 8.66 公斤 / 亩，增产率为 2.28%，陇中和甘南地区则分别增产 63.72 公斤 / 亩和 4.95 公斤 / 亩，即增产率分别为 52.68% 和 3.69%。

表 2　冬小麦种植北界可能变化的产量效应

地区	作物	单产（公斤 / 亩）	增产（公斤 / 亩）	增产率（%）
河西地区	春小麦	379.60	8.66	2.28
	冬小麦	388.26	—	—
陇中地区	春小麦	120.96	63.72	52.68
	冬小麦	184.68	—	—
甘南地区	春小麦	134.32	4.95	3.69
	冬小麦	139.27	—	—

四　主要作物种植面积变化

1985~2010 年，甘肃省四大作物种植面积演变趋势如图 4 所示。甘肃省玉米和马铃薯的种植面积增加，2010 年较 1985 年分别增加了 4 倍和 3 倍；春小麦种植面积下降，从 1985 年的 70 万公顷下降到 2011 年的

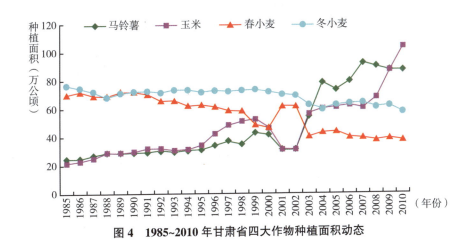

图 4　1985~2010 年甘肃省四大作物种植面积动态

35 万公顷；冬小麦的种植面积在 2000 年以前持平，每年约 70 万公顷，之后略有下降，在 2004 年后又保持相对稳定的趋势，每年种植面积约为 60 万公顷。

根据农业生产基本特征及各地农业发展的特点，将甘肃省粮食生产区域分为五大农区，即河西地区、陇中地区、陇东地区、陇南地区和甘南高原区。1985~2010 年甘肃省五大农区四大作物的种植面积变化趋势如图 5 所示。春小麦种植面积在全省大部分地区呈下降趋势，其中陇中和河西地区下降最为明显，达 62.14 万公顷 /10a 和 10 万公顷 /10a；冬小麦种植面积除陇中地区有增加趋势外，其他地区均呈减少趋势；玉米种植面积在全省均呈增加趋势，其中河西、陇中和陇东地区增加趋势最为明显，分别为 30.3 万公顷 /10a、53.36 万公顷 /10a 和 35.41 万公顷 /10a；马铃薯种植面积在甘南高原基本持平，在河西、陇中、陇东和陇南地区增加显著，分别为 12.15 万公顷 /10a、100.3 万公顷 /10a、23.56 万公顷 /10a 和 8.25 万公顷 /10a。

图 5 1985~2010 年甘肃省五大农区四种主要作物种植面积分布

为明确气候变化引起的甘肃省四大作物种植面积变化，进一步分析了作物种植区农业气候资源变化。

（一）河西地区

河西地区指酒泉、张掖、武威等地，亦称河西走廊。河西地处西北干旱区，土壤肥沃，水草丰美，宜农宜牧。祁连山终年积雪，春夏消融，引以灌溉可发展"绿洲农业"，河西地区是历史上以殷富著称的农业区。

1951~2010年，河西地区春小麦、玉米/马铃薯、冬小麦生长季内的平均温度总体呈增加趋势（见图6）。其中春小麦、玉米/马铃薯生育期内平均温度在1971~1980年最低，四大作物生育期内平均温度在1961~1970年

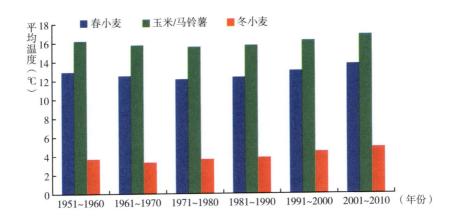

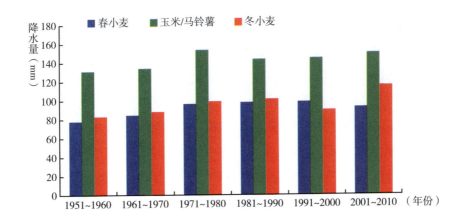

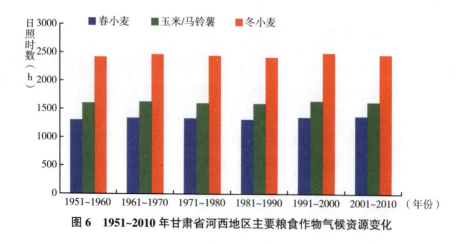

图6　1951~2010年甘肃省河西地区主要粮食作物气候资源变化

最低，分别为12.17℃、15.54℃和3.33℃；在2001~2010年最高，分别为13.70℃、16.80℃和4.85℃，分别增加了1.54℃、1.27℃和1.52℃，冬小麦生育期内平均温度增加尤为显著。四大作物生长期内的降水量也呈增加趋势，其中春小麦、玉米/马铃薯、冬小麦生育期内降水量在1951~1960年最低，分别为78.66mm、130.92mm和83.25mm。春小麦生育期内降水量在1991~2000年最多，为98.40mm；玉米/马铃薯、冬小麦生育期内降水量在2001~2010年最多，分别为150.20mm和115.65mm。1951~2010年四大作物生长季内的日照时数变化趋势不明显，其中春小麦、玉米/马铃薯、冬小麦生育期的平均日照时数分别为1336.61h、1617.25h和2454.38h。

　　1981~2010年河西地区春小麦、冬小麦、玉米、马铃薯的种植面积变化表明（见图7）：春小麦和冬小麦播种面积不断减少，其中1991~2000年春小麦和冬小麦的播种面积分别为270.15万公顷和1.26万公顷，2001~2010年分别下降至240.32万公顷和0.37万公顷，分别下降了29.83万公顷和0.88万公顷；玉米和马铃薯播种面积迅速增加，其中1991~2000年马铃薯和玉米的播种面积分别为47.69万公顷和16.59万公顷，2001~2010年分别增加至138.62万公顷和53.05万公顷，分别增加了90.94万公顷和36.46万公顷。

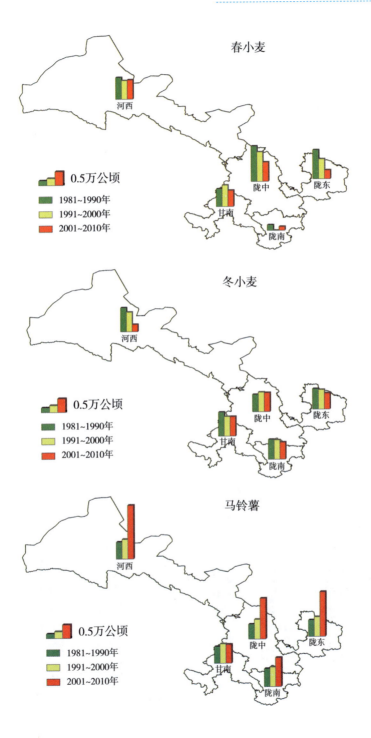

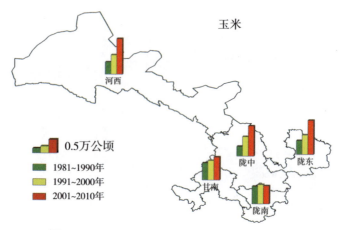

图7　1981~2010 年甘肃省主要作物种植面积变化

（二）陇中地区

　　陇中地区位于祁连山以东、陇山以西、甘南高原和陇南山地以北的甘肃省中部，其行政区包括兰州、白银、天水、定西市和临夏州，属盆地型高原，海拔 1500~2000 米，地形破碎，多墚、峁、沟谷、垄板地形。

　　1951~2010 年，陇中地区春小麦、玉米 / 马铃薯、冬小麦生长季内的平均温度总体呈增加趋势（见图 8），其中春小麦、玉米 / 马铃薯生育期内平均温度在 1981~1990 年最低，四大作物生育期内平均温度在 1961~1970 年最低，分别为 12.44℃、15.36℃和 5.19℃；均在 2001~2010 年最高，分别为

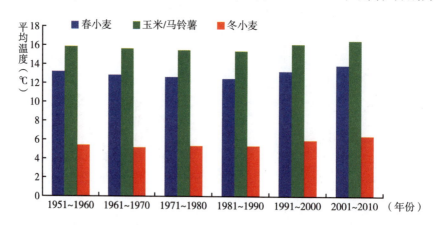

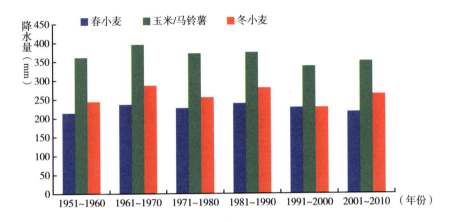

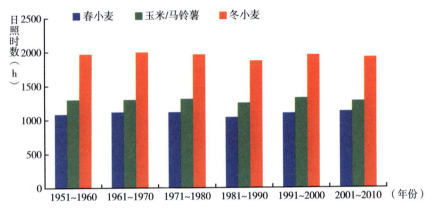

图8 1951~2010年甘肃陇中地区主要粮食作物气候资源变化

13.85℃、16.48℃和6.40℃，分别增加1.42℃、1.13℃和1.2℃。四大作物生长期内降水量呈波动变化趋势。其中春小麦1951~1960年降水量最少，为214.26mm；1981~1990年最多，为238.95mm。冬小麦、玉米/马铃薯1991~2000年降水量最少，分别为228.06mm和336.89mm；1961~1970年最多，分别为285.71mm和395.13mm。四大作物生长季内的日照时数变化趋势不明显，其中春小麦、玉米/马铃薯、冬小麦生育期内日照时数分别为1090.47h、1286.93h和1938h。

1981~2010年陇中地区春小麦、冬小麦、玉米、马铃薯的种植面积变化表明（见图7）：春小麦播种面积不断减少，由1991~2000年的413.57万公顷下降至2001~2010年的227.15万公顷，减少186.42万公顷；冬小麦播种

面积呈增加趋势，1991~2000 年和 2001~2010 年面积分别为 19.80 万公顷和
22.40 万公顷；玉米和马铃薯播种面积迅速增加，其中 1991~2000 年玉米和
马铃薯的播种面积分别为 75.67 万公顷和 170.40 万公顷，2001~2010 年分别
增至 235.74 万公顷和 471.26 万公顷，分别增加了 160.07 万公顷和 300.86 万
公顷，马铃薯播种面积增加尤为显著。

（三）陇东地区

陇东地区指陇山以东的甘肃地区，主要指庆阳市和平凉市两市，地处陕
甘宁三省区交汇地带，素有"陇东粮仓"之称，属于温带大陆性季风气候，
东、南部属于温带大陆性季风湿润半湿润气候。

1951~2010 年，陇东地区春小麦、玉米 / 马铃薯、冬小麦生长季内的平
均温度总体呈增加趋势（见图 9），其中春小麦、玉米 / 马铃薯生育期内平
均温度在 1951~1960 年最低，冬小麦生育期内平均温度在 1961~1970 年最
低，分别为 13.53℃、16.33℃和 5.90℃；均在 2001~2010 年最高，分别为
15.29℃、17.86℃和 7.41℃，分别增加了 1.76℃、1.54℃和 1.52℃。四大作
物生长期内的降水量总体呈减少趋势，其中春小麦降水量在 1981~1990 年最
高，为 283.41mm；在 2001~2010 年最低为 245.02mm。玉米 / 马铃薯和冬小
麦生育期内降水量在 1961~1970 年最高，分别为 497.36mm 和 366.53mm；在
1991~2000 年最低，分别为 386.31mm 和 264.85mm。四大作物生长季内的日

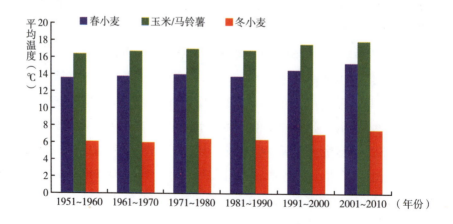

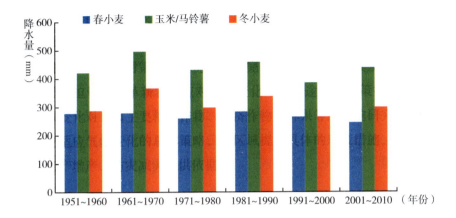

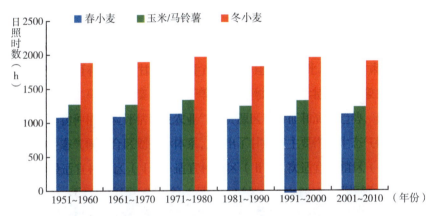

图9　1951~2010年甘肃陇东地区主要粮食作物气候资源变化

照时数变化趋势不明显，其中春小麦、玉米／马铃薯、冬小麦生育期日照时数分别为1093.59h、1277.46h和1903.01h。

1981~2010年陇东地区春小麦、冬小麦、玉米、马铃薯的种植面积变化表明（见图7）：春小麦和冬小麦播种面积不断减少，分别由1991~2000年的13.37万公顷和38.34万公顷下降至2001~2010年的4.02万公顷和30.19万公顷，分别减少9.34万公顷和8.15万公顷；玉米和马铃薯播种面积迅速增加，其中1991~2000年玉米和马铃薯的播种面积分别为71.28万公顷和40.85万公顷，2001~2010年分别增加至177.51万公顷和111.54万公顷，分别增加了106.22万公顷和70.69万公顷。

（四）陇南地区

陇南地区地处中国大陆二级阶梯向三级阶梯过渡的地带，位于秦巴山区、青藏高原、黄土高原三大地形交汇区域，西部向青藏高原北侧边缘过渡，北部向陇中黄土高原过渡，东部与西秦岭和汉中盆地连接，南部向四川盆地过渡，整个地形西北高、东南低。西秦岭和岷山两大山系分别从东西两方伸入全境，境内形成了高山峻岭与峡谷盆地相间的复杂地形。该区种植制度有一年一熟制、一年两熟制和两年三熟制。

1951~2010 年，陇南地区春小麦、冬小麦、玉米／马铃薯生长季内的平均温度呈先降后升趋势（见图 10），1981~1990 年平均温度最低，分别为

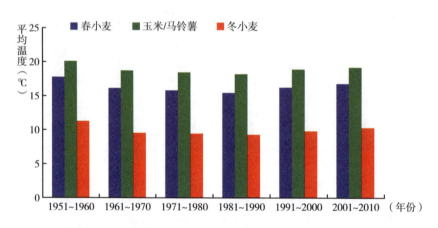

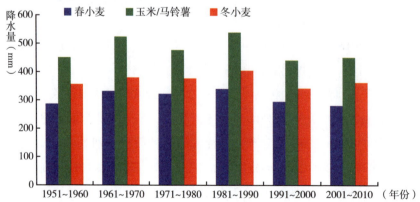

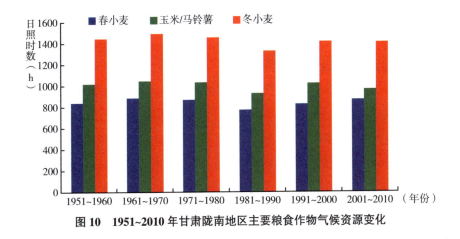

图 10　1951~2010 年甘肃陇南地区主要粮食作物气候资源变化

15.4℃、9.2℃和 18.1℃；降水量呈先增后降趋势，1981~1990 年降水量最高，分别为 341mm、405mm 和 541mm；日照时数呈 S 形变化，即先升后降再升的趋势，1981~1990 年日照时数最低，分别为 773h、1333h 和 933h。

1981~2010 年陇南地区冬小麦、春小麦和马铃薯／玉米的种植面积变化表明（见图 7）：春小麦面积先减后增，1981~1990 年、1991~2000 年和 2001~2010 年分别为 2.58 万公顷、0.1 万公顷和 1.8 万公顷；冬小麦面积不断减少，1981~1990 年、1991~2000 年和 2001~2010 年分别为 12.62 万公顷、12.29 万公顷和 10.88 万公顷；玉米种植面积先增后减，1981~1990 年、1991~2000 年和 2001~2010 年分别为 65.91 万公顷、72.69 万公顷和 68.54 万公顷；马铃薯面积持续增加，1981~1990 年、1991~2000 年和 2001~2010 年分别为 40.34 万公顷、43.91 万公顷和 65.10 万公顷。

（五）甘南高原

甘南高原地处青藏高原、黄土高原和秦岭山地的交汇地带，地跨长江、黄河两大流域，草场、林地和湿地占土地总面积的 90% 以上，粮食作物多生长在谷底和山地丘陵地带，形成了以牧为主的格局。由于气候变化和人为干扰，森林减少、草场退化、生态条件恶化，加上无后备耕地资源，粮食生产的安全性和稳定性明显减弱。近年来，由于实施退耕还林、退耕还牧和农

牧互补战略，甘南高原耕地面积大幅减少，粮食总产量明显降低。

1951~2010 年，甘南高原地区冬小麦、春小麦、玉米 / 马铃薯生长季内的平均温度呈显著增加趋势（见图 11），其中冬小麦、春小麦和玉米 / 马铃薯生长季内的平均温度分别升高了 0.50℃ /10a、0.39℃ /10a 和 0.43℃ /10a。四大作物生长期内的降水量呈波动变化趋势。其中春小麦 1971~1980 年降水量最少，为 288.3mm；1981~1990 年最多，为 313.6mm。冬小麦、玉米 / 马铃薯1991~2000 年降水量最少，分别为 305mm 和 432.3mm；1981~1990 年最多，分别为 356mm 和 471mm。四大作物生长季内的日照时数整体呈增加趋势。

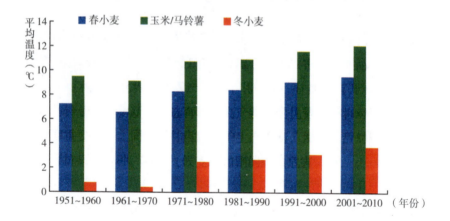

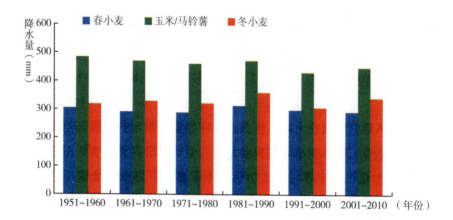

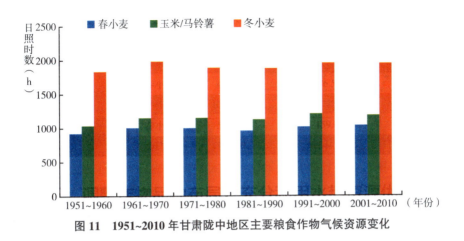

图 11 1951~2010 年甘肃陇中地区主要粮食作物气候资源变化

1981~2010 年甘南高原地区冬小麦、春小麦和马铃薯/玉米的种植面积变化表明（见图7）：春小麦种植面积先增后减，1981~1990年、1991~2000年和 2001~2010 年分别为 8.16 万公顷、9.84 万公顷、7.45 万公顷；冬小麦种植面积不断减少，2001~2010 年下降至 0.5 万公顷；1991~2000年、2001~2010 年马铃薯种植面积基本持平，较 1981~1990 年增加 17% 左右；玉米种植面积持续增加，1981~1990 年、1991~2000 年和 2001~2010 年分别为 1.89万公顷、2.16 万公顷和 2.55 万公顷。

上述种植结构调整是主动适应气候变化与社会经济发展的结果。虽然气候变暖有利于冬小麦向北向西扩种，但由于甘肃大部地区干旱缺水，而冬小麦、春小麦都需要灌溉，在严重缺水的情况下，除陇中局部扩种冬小麦外，其他地区小麦面积都不得不削减。气候变暖有利于扩大高产作物玉米的种植面积。马铃薯虽然是喜凉作物，但耐旱能力与增产潜力明显高于小麦。虽然气候变暖，但除陇南河谷外绝大部分地区气温仍然处于马铃薯生长适宜范围内。考虑到人民生活水平提高和市场需求增大，应迅速扩大马铃薯种植面积并使其成为甘肃省特别是陇中的优势作物。

B.8
农业气象灾损风险

甘肃省气象灾害占自然灾害的 88.5%，高出全国平均水平 18.5%。1951~2000 年，甘肃省平均每年因气象灾害造成的损失占该省生产总值的 4%~5%，高于全国平均水平；每年因农业气象灾害造成的受灾面积达 1700 万亩，占播种面积的 32%；成灾面积达 1200 万亩，占播种面积的 23%。农业气象灾害中干旱灾害占气象灾害的 56%，居首位；大风和冰雹灾害占气象灾害的 17%，居第二位；洪涝、霜冻和其他灾害各占 6%~9%（甘肃省气象志编纂委员会，2015）。

甘肃省主要农业气象灾害（干旱、风雹、洪涝和霜冻）的受灾率表明（见图 1），干旱受灾率的曲线陡度最缓，说明干旱事件发生的离散性最强，具有较强的不确定性和发生频率高的特点；风雹和洪涝曲线的陡度较大，说明在受灾率较小时，仍存在较大的受灾风险；霜冻也有类似的特点。灾害的历史重现期表明，干旱受灾率大于 25% 的历史重现期为 2.1a，大于 45% 的

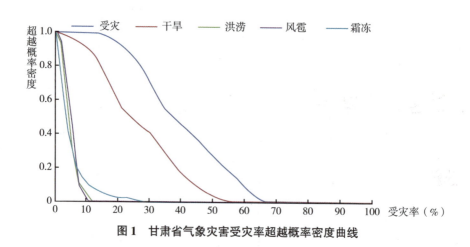

图 1 甘肃省气象灾害受灾率超越概率密度曲线

历史重现期为10.4a，大于53%的历史重现期约为100a；洪涝受灾率大于5%的历史重现期为2.4a，大于8%的历史重现期约为10a，而大于12%的洪涝则很少；风雹的情况和洪涝类似，受灾率大于8%的历史重现期为10a，大于11%的历史重现期为230a；霜冻的受灾率大于11%的历史重现期为10a，大于25%的历史重现期约为55a。这表明，甘肃省受灾风险最大的农业气象灾害是干旱，其次是霜冻、洪涝和风雹。

甘肃省主要农业气象灾害（干旱、风雹、洪涝和霜冻）的成灾率表明（见图2），各种气象灾害成灾率的曲线均较之其受灾率的曲线平缓，说明成灾率的不确定性较之受灾率来说更大。对于干旱灾害，成灾率大于50%的历史重现期约为1.6a，大于75%的历史重现期约为5.5a，大于90%的历史重现期约为55a。洪涝的成灾率大于90%的历史重现期约为31a。风雹的成灾率大于90%的历史重现期约为17a，短于干旱和洪涝的同一成灾率的历史重现期。霜冻的成灾率大于90%的历史重现期较其余气象灾害大。这表明，受灾后成灾风险最大的气象灾害是风雹，其次是洪涝和干旱，风险最小的是霜冻。这也说明甘肃省防范难度最大的农业气象灾害是风雹。

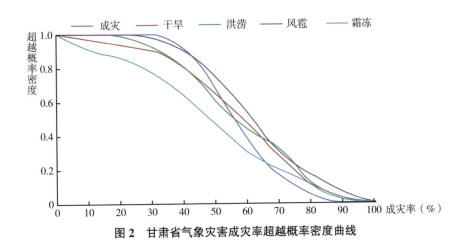

图2 甘肃省气象灾害成灾率超越概率密度曲线

一 小麦灾损风险

（一）春小麦

甘肃省春小麦灾损风险如图 3 所示。兰州、定西、陇南、临夏 4 个地区各县（市、区）的春小麦减产 20%~30%，甚至减产 30% 以上的概率最大，说明这 4 个地区春小麦生产的风险水平最高，受到农业气象灾害影响后春小麦产量很不稳定；其次是白银会宁和酒泉阿克塞。这些地区春小麦减产10%~20% 的概率较大，因此需要注意提高春小麦生产的防灾减灾能力，尤其是陇南礼县，减产 10% 以上的概率达 35%，远高于甘肃省其他县（市、区）。相对而言，武威、张掖和酒泉（除阿克塞）的春小麦减产在 10% 以上的概率较小，这三个地区的大多数县（市、区）历年减产率都小于 10%，甚至大多数年份的减产率都在 5% 以内，说明这些地区春小麦生产的风险水平较低。

春小麦灾损风险的原因在于河西地区为绿洲灌溉农业，受干旱影响较小，而其他灾害对春小麦产量的影响要小于干旱。甘肃中南部地区作为旱作区，降水年际变化较大，旱灾频繁发生；陇东地区以冬小麦为主，虽以旱作为主，但降水量与土壤保水能力均优于中部地区。

（二）冬小麦

冬小麦灾损风险水平如图 4 所示。庆阳和定西各县（市、区）的冬小麦减产 20%~30%，甚至减产 30% 以上的概率最大，表明这两个地区的冬小麦生产风险水平最高，受农业气象灾害影响后冬小麦产量很不稳定；其次是平凉、兰州和天水的各县（市、区），冬小麦减产 10%~20% 的概率较大，表明这三个地区的冬小麦生产风险水平较高，受农业气象灾害影响后冬小麦产量相对不稳定；因而这五个地区需要注意提高冬小麦生产的防灾减灾能力，尤其是庆阳地区，减产 10% 以上的概率最大，受农业气象灾害影响后冬小麦减产风险较大，抗灾能力较薄弱。相对而言，陇南、甘南、临夏、张掖和酒泉的冬小麦减产 10% 以上的概率较小，这些区域大多数县市历年减产率

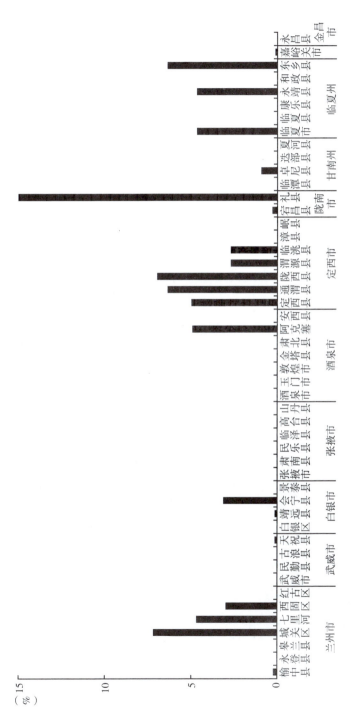

a 减产20%~30%的概率

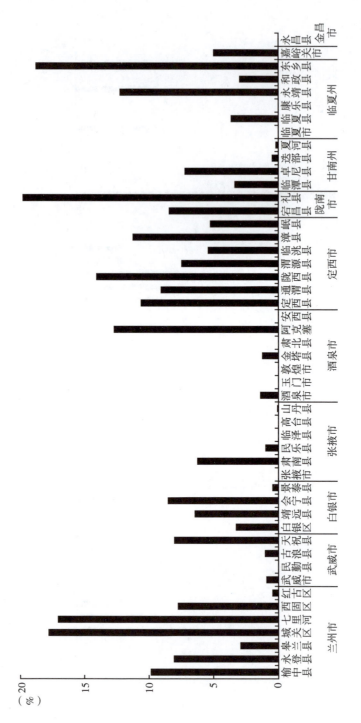

b 减产10%~20%的概率

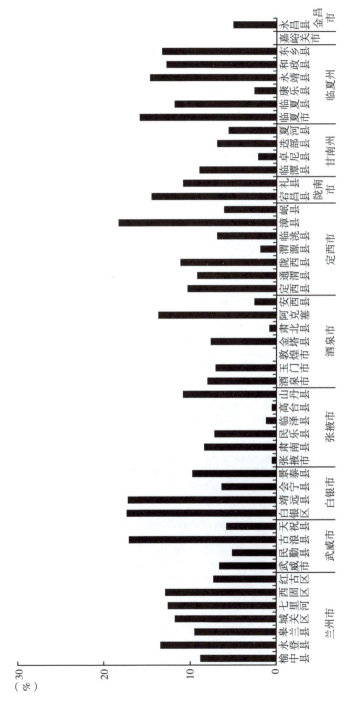

c 减产5%~10%的概率

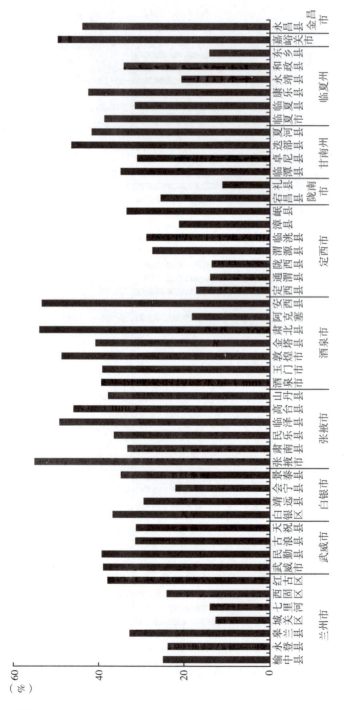

图3　甘肃省春小麦灾损风险水平

d 减产0~5%的概率

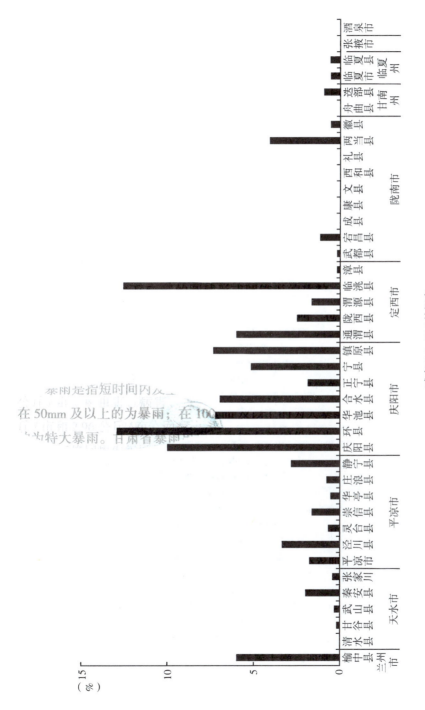

a 减产20%～30%的概率

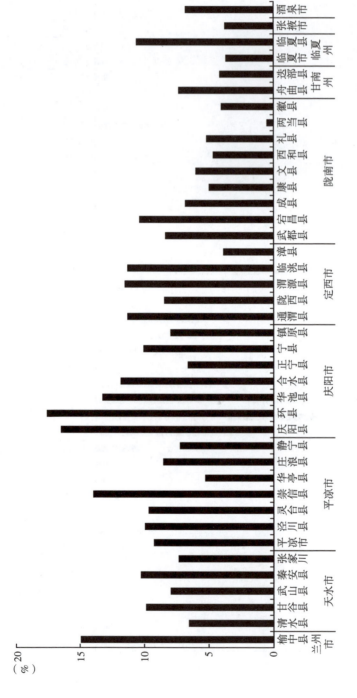

b 减产10%~20%的概率

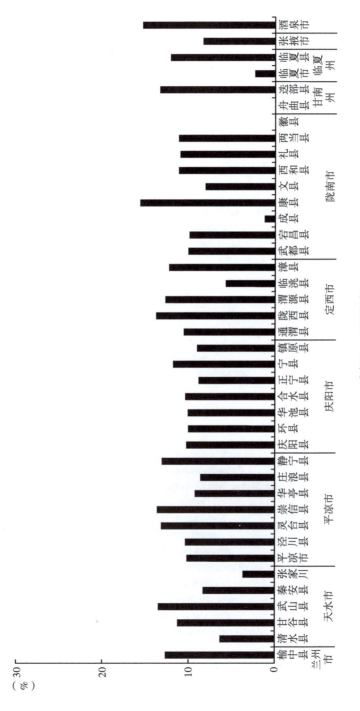

c 减产5%~10%的概率

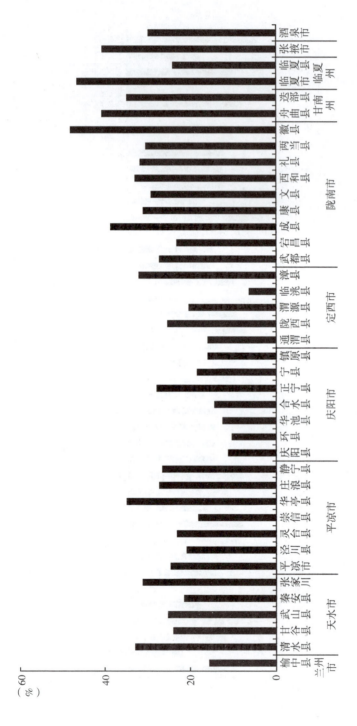

图4　甘肃省冬小麦灾损风险水平

都小于 10%，甚至大多数年份的减产率都在 5% 以内，表明这些地区冬小麦生产的风险水平较低。

干旱与冻害是影响甘肃省冬小麦产量的主要灾害。陇南与甘南降水较多，干旱较轻；陇南冬季温暖，冻害也不严重。虽然甘南海拔较高，但冬小麦种植主要分布在东部海拔相对较低地区，冻害也比其他地区要轻。临夏常年降水量能基本满足冬小麦需求，冬季也无严寒。虽然河西地区冬季严寒，但适时给冬小麦浇冻水能起到有效保护的作用。庆阳与定西冬小麦以旱作为主，温度与降水年际变化很大，干旱与冻害频繁发生，冬小麦单产的波动明显大于其他地区，尤其是气温偏低和降水偏少的北部地区。平凉、天水、兰州地处庆阳、定西与陇南、甘南之间，干旱与冻害程度居两类地区之间，冬小麦产量波动处于中等水平。

二　玉米灾损风险

甘肃省玉米灾损风险水平如图 5 所示。与小麦相比，甘肃全省各县（市、区）的玉米减产 20%~30%，甚至减产 30% 以上的概率基本都不超过 5%，表明玉米生产的风险水平要小于小麦生产的风险水平，受农业气象灾害影响后，玉米产量相对稳定。

平凉、庆阳和定西的玉米生产风险相对较高，受农业气象灾害影响后玉米产量较不稳定，减产 10%~20% 的概率最大；其次是白银、武威、天水和甘南的个别县（市、区），小麦减产 10%~20% 的概率较大，表明这些区域的风险水平略高，受农业气象灾害影响后玉米产量略不稳定；这些县（市、区）需要注意提高玉米生产的防灾减灾能力。总体而言，兰州、张掖、酒泉、陇南和嘉峪关的玉米减产 10% 以上的概率较小，这些区域的大多数县市历年减产率都小于 10%，甚至大多数年份的减产率都在 5% 以内，表明这些区域玉米生产的风险水平较低。

甘肃省玉米总体上产量比小麦稳定，主要原因是玉米为春播秋收，生育期间雨热资源与作物生育需求的吻合程度明显好于小麦。其中，沿黄河地区

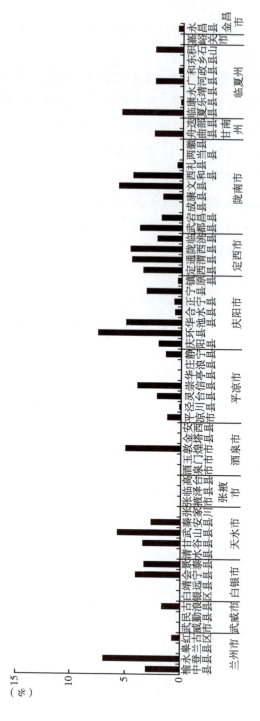

a 减产20%~30%的概率

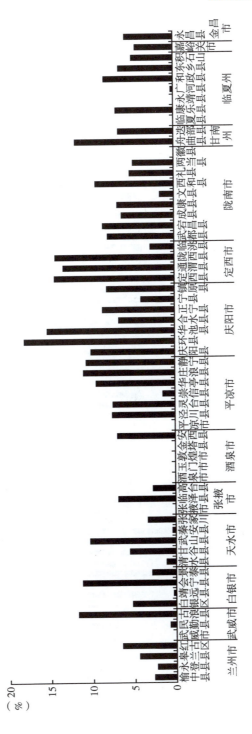

b 减产10%~20%的概率

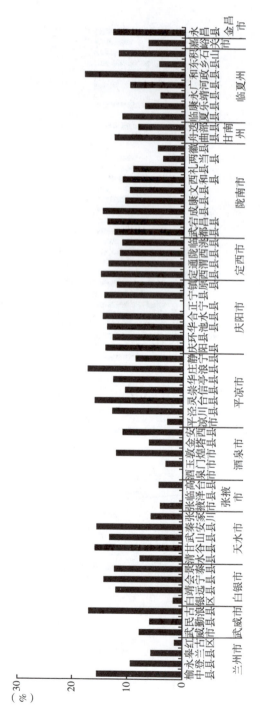

c 减产 5%~10% 的概率

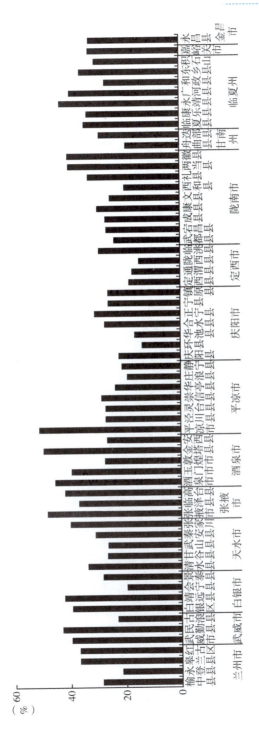

图 5　甘肃省玉米灾损风险水平

d 减产 0~5% 的概率

与河西地区依靠灌溉，因此干旱威胁较小；陇南由于气候温暖、降水偏多，干旱与冷害较少发生。平凉、庆阳和定西玉米基本旱作，即靠天吃饭，因干旱造成的产量波动最大；其他地区的气候风险居于以上两类地区之间。

三 马铃薯灾损风险

甘肃省马铃薯灾损风险水平如图 6 所示。甘肃省镇原县马铃薯的生产风险水平最高，减产 20%~30% 的概率最高，达 14.2%；其次是白银区、泾川县、康县、华池县、合水县和酒泉市的马铃薯生产风险水平，减产 20%~30% 的概率略高于 5%，表明这些县（市、区）的马铃薯灾损风险水平较高，受农业气象灾害影响后，马铃薯产量较不稳定。其他诸县（市、区）的马铃薯减产 20%~30% 的概率均小于 5%，其中白银、天水、庆阳和陇南各县（市、区）的马铃薯减产 20%~30% 的概率相对较高，表明这些区域的马铃薯灾损风险水平略高于其他地区，需要提高马铃薯生产的抗灾减灾能力。

相对而言，武威、金昌、张掖、定西、甘南和临夏六个地区的马铃薯减产在 10% 以上的概率较小，甚至大多数年份的减产率都在 5% 以内，表明这些区域马铃薯生产的风险水平较低。这是由于马铃薯为喜凉作物，具有一定耐旱能力，适于气候冷凉干燥地区种植，目前定西已成为全国著名的优质马铃薯产区。在气候温暖与降水偏多的东南部地区，马铃薯病虫害较多且种薯容易退化。

四 油菜籽灾损风险

甘肃省油菜籽灾损风险水平如图 7 所示。油菜籽灾损风险相对较小，除白银区、秦安县、张家川、庆阳区、西峰县、礼县和合作市七个县（市、区）的油菜籽减产 20%~30% 的概率超过 5% 外，其他县（市、区）出现较大减产的概率较小，整个甘肃省油菜籽的生产相对比较稳定。

相对而言，白银、天水、庆阳和陇南四个地区的各县（市、区）油菜籽

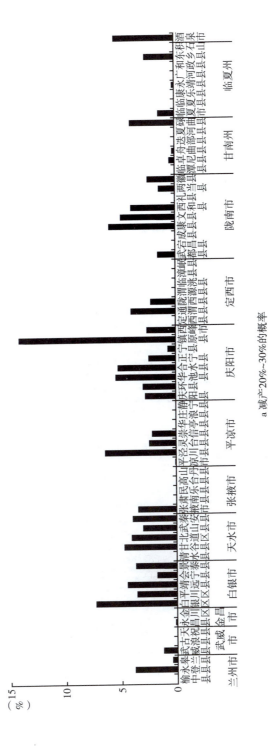

a 减产20%~30%的概率

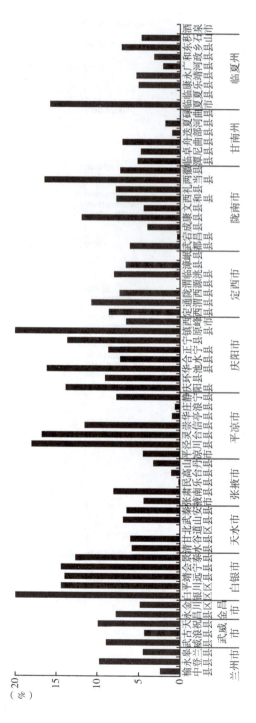

b 减产10%~20%的概率

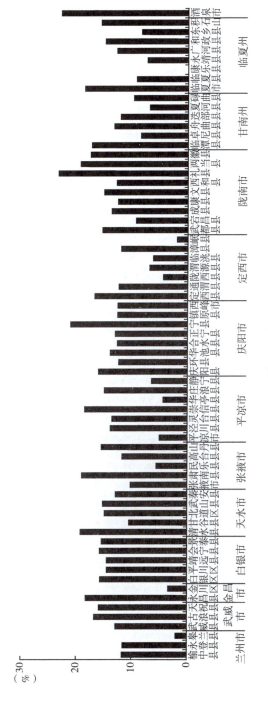

c 减产5%~10%的概率

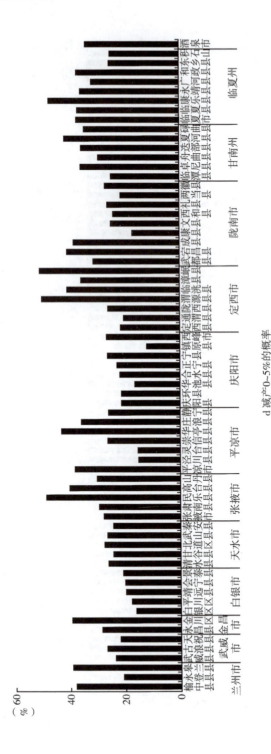

d 减产0~5%的概率

图6 甘肃省马铃薯灾损风险水平

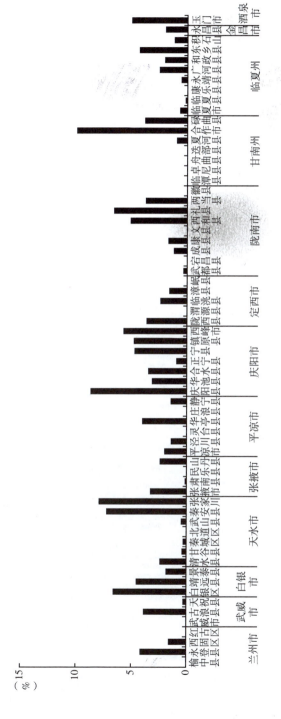

a 减产20%~30%的概率

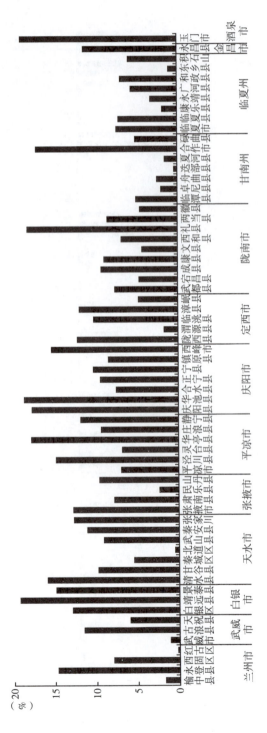

b 减产10%~20%的概率

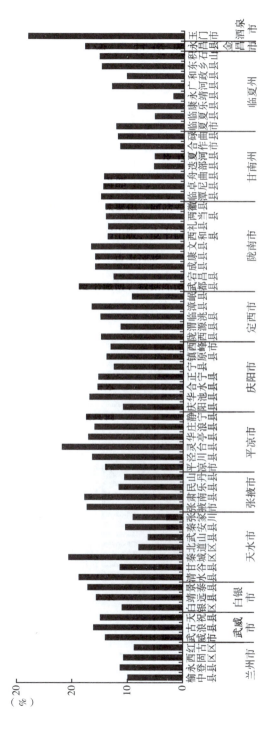

c.减产5%~10%的概率

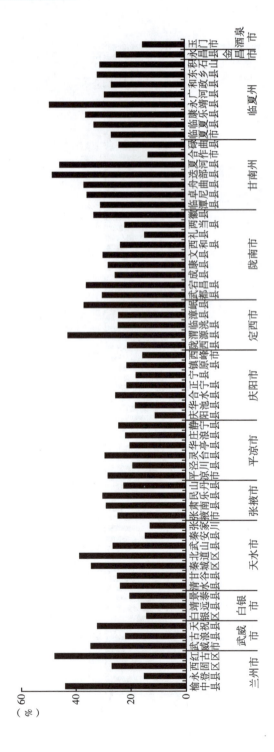

d 减产0~5%的概率

图 7　甘肃省油菜籽灾损风险水平

减产 20%~30%，甚至减产 30% 以上的概率略大于其他地区，表明这四个地区油菜籽生产的风险水平略大，受农业气象灾害影响后，油菜籽产量较不稳定，因而这些地区需要注意提高油菜籽生产的防灾减灾能力。甘南、临夏、金昌和酒泉地区的油菜籽减产在 10% 以上的概率较小，这些区域大多数县（市、区）历年减产率都小于 10%，甚至大多数年份的减产率都在 5% 以内，表明这些区域油菜籽生产的风险水平较低。油菜为喜凉耐湿作物，甘肃省除陇南地区外均种植春油菜，干旱是影响油菜产量最重要的灾害。上述油菜产量波动较小的地区，甘南与临夏油菜生育期间气候凉爽、降水较多，适宜春油菜种植；金昌与酒泉为灌溉农区，干旱对油菜生产的影响也较小；东部旱作区春油菜生产的受旱风险明显增大；陇南以冬油菜为主，平均油菜单产虽明显高于春油菜，但增加了越冬冻害风险，加上降水的年际变化较大，产量也有较大波动。

B.9

农业适应气候变化的对策措施

气候变化对甘肃农业生产的影响深刻而复杂，普遍而又有区别，利弊兼并，总体影响利大于弊。甘肃省地形复杂、气候多样，有雨养农业、绿洲灌溉农业、半旱作半灌溉农业等多种种植方式，农业生产强烈依赖于气候条件。近50年来，甘肃省气候变化总体表现为气温升高、降水量减少、干燥度增加的暖干化趋势，干旱、高温、干热风等气象灾害频率增加，强度增大，危害加重，且空间与季节分布极不均衡（Huang et al., 2016, 2012; Yao et al., 2013; 张强等，2010; 张强，2006; 陶健红等，2009; 王劲松等，2008），使甘肃农业可持续发展面临日益严峻的挑战。气候变化使甘肃农作物地理分布、种植结构（王鹤龄等，2013a, 2013b, 2012）、生长发育（张凯等，2015a; 姚玉璧等，2013a, 2012; 赵鸿等，2009, 2008; 王润元等，2006a）、产量（Wang et al., 2008, 2004; 张凯等，2015b, 2013b; 邓振镛等，2011a, 2011b; 赵鸿等，2007a, 2007b）、农田土壤水分（张凯等，2015c; 王鹤龄等，2011）、作物生理生态特征（张凯等，2014; 王润元等，2009, 2006b）和品质（王鹤龄等，2015）等发生了改变。同时，气候变暖使作物病虫害面积扩大、发生提前、危害期延长、危害程度加剧等（赵鸿等，2005, 2004）。这些因素的复合影响使气候变化下甘肃农业生产与粮食安全面临的风险将继续存在并有增加趋势，从而使该地区未来农业生产面临的不稳定性和粮食安全压力增大、产量波动大，不同农业气候区的生产布局和结构出现变动，农业成本和投资大幅度增加（IPCC., 2014; Li et al., 2013, 2008; 肖国举，2013, 2012; 张强，2012; 李裕等，2010; 刘德祥等，2005）。因此，如何应对气候变化带来的诸多影响，防灾减灾、趋利避害，是甘肃农业的当务之急。有效地减缓和适应气候变化，对确保甘肃农业实现可持续发展，保障国家粮食安全具有重大现实意义。

适应气候变化已经成为全球共识。充分利用变暖的气候资源，减少不利影响，将有助于甘肃农业的可持续发展。当前，针对观测到的气候变化及其影响事实以及预估的气候变化正在采取一些适应和减缓措施，但还非常有限，而且缺乏定量的对策依据，仍然不能完全满足农业可持续发展管理的需求。为此，迫切需要革新农业应对气候变化的技术途径与对策措施。在此，基于气候变化对甘肃主要粮食作物、经济作物和林果等的影响研究，分析主要农作物适应气候变化的总体策略，分区域提出具体的对策措施，以期为甘肃农业稳产增产、防灾减灾提供依据。

一 优化土地利用格局，充分利用光热资源

在气候变化背景下，甘肃省尽管气候干燥，但光热资源丰富，实现土地资源优化配置将可有效促进甘肃农业生产和经济建设。为此，针对甘肃省春小麦、冬小麦、玉米、马铃薯、糜子、谷子等主要作物的生物学特征、气象条件对产量的影响、作物种植风险评估以及农业气候资源区域特征和演变趋势，建立甘肃省主要作物生态气候综合区划指标体系，给出了甘肃省主要作物生态气候适生种植区划，即最适宜种植区（Ⅰ）、适宜种植区（Ⅱ）、次适宜种植区（Ⅲ）、可种植区（Ⅳ）、不宜种植区（Ⅴ）等（见图1）（张强等，2012；邓振镛，2005）。

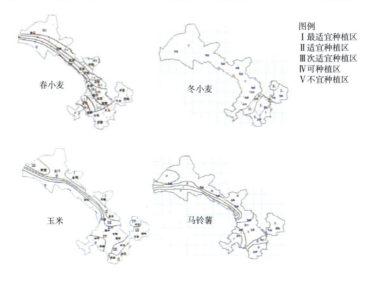

图例
Ⅰ 最适宜种植区
Ⅱ 适宜种植区
Ⅲ 次适宜种植区
Ⅳ 可种植区
Ⅴ 不宜种植区

春小麦　冬小麦

玉米　马铃薯

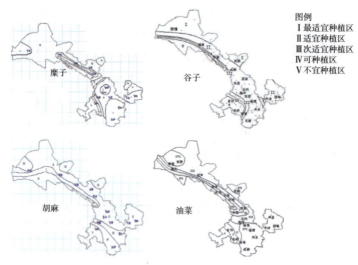

图1　甘肃省主要作物气候生态适生种植区划

二　调整作物种植制度，主动适应气候变化

根据甘肃农业现实和地形梯度的土地利用分布特征，结合气候变化对甘肃农业的影响及气候资源的新特点，综合考虑农业种植结构调整原则，拟对甘肃农业布局进行分区域适应气候变化调整优化（见表1）（邓振镛等，2012b；张强等，2012）。在气候变化背景下，河西走廊灌区以绿洲灌溉农业为主，拟减少春小麦种植面积，增加玉米种植面积，稳定马铃薯种植面积，适当扩大棉花、甜菜等经济作物种植面积；引进扩大啤酒大麦、啤酒花、酿酒葡萄、甘草、制种玉米等特种作物。陇中黄土高原区以雨养农业为主，南部拟压夏扩秋，压缩春小麦种植面积；灌溉农田拟适当扩大冬小麦种植面积；旱作农田拟增加马铃薯、谷子、糜子、胡麻等耐旱作物种植面积，积极发展百合、花椒、当归、党参、黄芪等地方特色作物。陇东黄土高原区以雨养农业为主，拟稳定冬小麦种植面积，扩大玉米种植面积，发展豆类、马铃薯、糜、谷等抗旱性强作物；扩大冬油菜、胡麻等经济作物种植面积，积极

发展地方特色作物如黄花菜、烤烟等支柱性种植业。陇南山地丘陵区以雨养农业为主，拟稳定冬小麦种植面积、扩大玉米和马铃薯以及茶叶、橘子、花椒、油橄榄、板栗、党参等地方特色作物种植面积。

表1　甘肃省不同区域农业土地利用及农业种植结构调整优化方案

地域	农业种植区	种植比例（夏粮∶秋粮∶经作∶饲草）
河西走廊区	走廊沿沙漠棉花、粮食区	2∶2∶5∶1
	走廊中东部粮食、经作区	3∶3∶2.5∶1.5
	走廊南部浅山粮食、油料、畜牧区	5∶2∶2∶1
陇中黄土高原区	北部粮食、经作、畜牧区	3∶4∶2∶1
	东部粮食、胡麻、畜牧区	3∶4∶2∶1
	西南部二阴山地粮食、经作、畜牧区	
	临夏州片区	4∶4∶1∶1
	洮岷山区	2∶4∶3.5∶0.5
陇东黄土高原区	中南部粮食、经作区	3.5∶4∶1.5∶1
	西北部杂粮、胡麻、畜牧区	3∶5∶1∶1
	子午岭林业、粮食、经作区	2.5∶5∶1.5∶1
陇南山地丘陵区	岭南山地粮食经作林业区	
	河谷川坝区	3.5∶5∶1∶0.5
	半山区	3∶4.5∶2∶0.5
	高山区	2∶4∶2∶2
	徽成盆地粮食、蔬菜、经作区	3∶4.5∶2∶0.5
	北部粮食、经作、蔬菜、林业区	4∶4∶1.5∶0.5

三　选育适宜作物品种，科学应对暖干化与病虫害影响

受气候暖干化的影响，甘肃农业出现了病虫草鼠害地理分布范围扩大、越冬界限北移、农田害虫害鼠发育时间缩短、繁殖代数增加、种群增长率加

快、危害发生提早、危害加重、病毒病增加、新病虫草鼠出现等问题。近年来，受种植业结构调整，极端气候条件等因素的影响，农作物流行性、突发性病虫害发生频次增多，新发生病虫（包括检疫性、危险性病虫）对农业生产威胁加大。为此，加强作物抗旱抗病虫育种研究，培育与气候变化相适应的作物新品种，对全球变化背景下的干旱半干旱地区有重要意义。需要大力培育产量潜力高、品质优良、综合抗性突出、适应性广的优质良种，选择杂交品种，考虑到病虫害的变化趋势对未来作物品种的影响，选育抗病、抗虫作物品种并注重培育，以提高农作物的抗病虫害能力。气候变暖背景下的品种选育以耐高温、耐干旱、抗病虫害为新形势下的主要指标，近50年来，甘肃省暖干化趋势明显加快，气候变化引起冬季明显变暖，日照偏少的地区选育品种可向弱冬性、弱感光性、分蘖力强、抗病性强的品种方向发展，并有计划地培育和选用抗旱、抗涝、抗高温、抗病虫害等抗逆品种，以缓解生育周期缩短和种植北界北移对产量的不利影响。甘肃具有开展小麦、水稻、玉米、马铃薯等作物新品种选育和超高产栽培的优势，必将对提升粮食生产能力发挥重要作用。同时，甘肃应保护生态平衡，发挥天敌对害虫的控制作用，培育抗病虫良种，减轻气候变暖加剧的病虫危害。

四 调整作物复种指数，提高耕地资源利用效率

采取多种形式的带状间作为中心的保护性耕作技术，缓解气候变暖加剧的水资源供求矛盾。合理套作、间作、轮作，增加复种指数（王润元等，2015；熊友才等，2014；王慧莉等，2014；莫非等，2013；强生才等，2011；山仑等，1991）。

垄沟径流集水技术措施能够有效地改善土壤水分的供应状况，从而促进作物生长发育，提高作物产量。集水处理的春小麦单作、春小麦套种马铃薯、春小麦套种地膜马铃薯等不同种植方式，春小麦产量增产25.7%、19.5%、40.4%，马铃薯产量达14310kg/hm^2，相当于在半干旱偏旱区的旱作农田上实现了一年二熟（见表2）（周宏等，2014；强生才等，2011）。

表 2 农田沟垄集水处理作物增产量

种植方式	作物	产量（kg/hm^2）	比平作增产量（kg/hm^2）	增产率（%）
春小麦单作（对照）	春小麦	494.2	101.3	25.7
春小麦套种马铃薯	春小麦	469.5	76.5	19.5
	马铃薯	10778.6	−4722.4	−30.5
春小麦套种地膜马铃薯	春小麦	552.0	159.0	40.4
	马铃薯	17842.0	2341.1	15.1

五 调整作物品种布局，充分利用水热资源优势

水资源是甘肃省可持续发展的关键。合理安排和调整作物种植面积和布局，加强水热资源的合理开发利用和管理，变被动抗旱为主动抗旱，管好、用好当地的水资源，充分利用大气降水。

气候变暖使西北农作物、果树、中药材种植区域向北、向高海拔区推进，春小麦适宜种植区、不可种植区面积缩小，冬小麦适宜种植区、可种植区急剧扩大，玉米最适宜种植区扩大、不适宜种植区变化不大，马铃薯最适宜种植区、不适宜种植区面积减小，次适宜种植区、可种植区面积扩大，棉花适宜种植区面积扩大，苹果、桃树、大樱桃、酿酒葡萄等适宜种植区面积扩大。在调整作物种植面积方面，压缩春小麦种植面积，适当扩大玉米、马铃薯、棉花种植面积，大力发展制种玉米和马铃薯、果树、中药材等地方特色农业。基于冷凉、高寒阴湿山区气候特征，扩大冬油菜、胡麻等经济作物种植面积，积极扩大地方特色作物如黄花菜、烤烟等种植面积。实施压夏扩秋的种植战略，即压缩春季作物种植面积，扩大秋季作物种植面积。通过集雨蓄水、保墒集水、节水灌溉、地膜覆盖、设施农业等措施提高水资源利用效率，大力开发空中水资源，弥补陆地水资源不足，压缩高耗水作物和品种的种植面积，实现农业生产和水资源协调发展。针对甘肃省农业气候资源及农林牧业产业结构布局特点，可将祁连山北坡大体分为 5 个农林牧业气候生态区，从而基于气候变化影响特点与空间格局对现有产业结构和种植比例进行调整（见表 3）（张强等，2012；邓振镛等，2012b，2012c）。

表3　不同气候生态区农林牧产业结构比重和种植业比例

农林牧业气候生态区	Ⅰ温暖特干旱沿沙漠绿洲棉花、粮食区	Ⅱ温和干旱走廊绿洲粮食、经作区	Ⅲ冷凉半干旱浅山粮食、油料、畜牧区	Ⅳ寒冷半湿润祁连中低山农林牧业复合区	Ⅴ高寒湿润祁连山高山区
海拔高度（m）	1000~1400	1400~1900	1900~2700	2700~3400	3400~5500
农林牧产业结构比重（种植业：林业：畜牧业）	7：1.5：1.5	6：1.5：2.5	5：1：4	2：2：6	少量畜牧业
种植业比例（夏粮：秋粮：经作：饲草）	2：2：5：1	3：3：2.5：1.5	5：2：2：1	2：2：4：2	无种植业

六　针对气候变化分异，调整农区生产管理方式

针对气候变化对甘肃农业影响的区域差异，可因地适宜地调整作物播种期，深耕整地，蓄水保墒，减少水分蒸发。改进施肥方式，测土施肥，配合深施、混施等施肥方式，提高肥效和作物对营养元素的利用率。测土灌溉，测水补灌，根据不同的土壤肥力和含水量调整灌溉量，提高水分利用效率。保持灌溉农田的水盐平衡，维持农田生态环境用水，充分考虑农业生态环境的用水需求，采用大田集水、地膜覆盖、抗旱剂、抗旱品种、集水补充灌溉等全方位的节水调控措施。

（一）适当调整播种期——春播作物播种期适当提前，秋播作物播种期适度推迟

在气候变化背景下，调整作物的播种期要综合考虑气温与降水二者的变化对作物生长发育的影响，趋利避害。气候变暖使作物春播的适宜温度提前出现，为充分利用热量资源可考虑提早播种并改用生育期更长的品种。如果当地灌溉水资源不足或降水减少，提早播种后作物的需水临界期将提前，容易发生卡脖旱。因此，应适当推迟播种，使作物需水临界期赶上雨季高峰期。种植冬小麦和冬油菜的地区，随着秋季变暖应适当推迟播种，否则会造成冬前过旺，加重越冬冻害。适宜播种期的确定要根据冬前获得壮苗所需积

温推算。

在黄土高原半干旱区，春小麦播期早，水分利用效率（WUE）高（见表4），反之则小。而马铃薯推迟在5月底6月初播种，可获得高产并提高水分利用效率（见表5）。春播作物播种期适度提前、秋播作物播种期适度推迟可减轻变暖的不利影响、利用变暖的有利影响提高产量和水分利用效率（张凯等，2012a，2012b；张谋草等，2011）。

在陇东黄土高原地区，气候变化使玉米适宜播种期推迟，由之前的4月中旬推迟至4月下旬。在河西走廊灌区，提前玉米播期、延长生长期的做法对玉米生产是有一定风险的（魏育国等，2014a，2014b）。

表4 春小麦不同播种期处理下的产量和水分利用效率

播期 （月-日）	小穗数 （个）	有效茎数 ［株(茎)/m²］	穗粒数 （个）	千粒重 （g）	株成穗数 （个）	成穗率 （%）	耗水量 （mm）	实际产量 （g/m²）	WUE （kg/ha·mm）
03-08	12.3	463.28	25.0	33.77	0.78	69.0	183.1647	318.37	15.20879
03-18	11.7	435.64	24.1	37.07	0.74	64.8	197.2758	261.22	11.58639
03-28	11.8	377.13	23.7	41.62	0.79	66.8	230.9386	285.71	10.82539
04-07	10.8	445.45	20.1	39.37	0.91	71.9	211.0639	271.43	11.25252

表5 马铃薯不同播种期处理下的产量和水分利用效率

播期 （月-日）	小区产量［kg/（49m²）］				实际产量 （kg/hm²）	耗水量 （mm）	WUE （kg/ha·mm）
	Ⅰ	Ⅱ	Ⅲ	平均			
04-26	110.82	113.36	110.00	111.39	22733	284.6271	79.87537
05-11	154.06	158.49	152.95	155.17	31667	306.406	103.3709
05-27	162.78	173.97	172.85	169.87	34667	276.0954	125.5851
06-11	134.28	141.59	135.74	137.20	28000	238.4048	117.4455
06-26	125.78	129.34	127.08	127.40	26000	236.627	109.8776
07-11	121.75	123.64	119.65	121.68	24833	204.3015	121.569

（二）旱作区推广抗旱节水栽培技术，充分利用降水资源

马铃薯垄沟地膜覆盖：黄土高原半干旱区有效增产增收和应对气候暖干化的良好措施。半干旱区马铃薯种植采用"播前 1 个月双垄沟全膜覆盖 + 播后约 65 天左右揭掉沟膜 + 培土"组合技术，有利于提高马铃薯产量和水分利用效率。研究表明，马铃薯生长早期的集雨效率为 85.1%~88.7%，有效增加了发芽出苗期浅层土壤湿度和地温（见图 2），并使马铃薯出苗提前 8.1~11.7 天，出苗—收获的持续期延长 0.7~15.0 天，出苗率增加 9.3%~14.4%，增加块茎产量 33.9%~92.5%，提高水分利用效率 41.4%~112.6%（见图 3）（Zhao et al., 2014，2012；杨泽粟等，2014；赵鸿等，2013）。

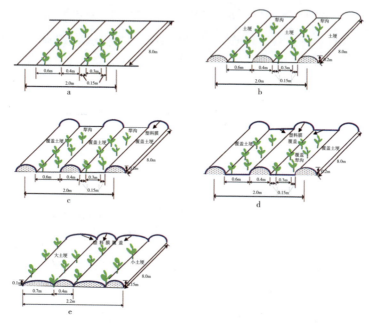

图 2　马铃薯不同垄沟地膜覆盖栽培模式

注：a 为露地传统平地种植（CK）；b 为土垄沟无覆膜种植（RFNM）；c 为垄沟半膜覆盖种植（RFHM）；d 为垄沟全膜覆盖沟内种植（RFFM）；e 为双垄沟全膜覆盖沟垄侧种植（DRFFM）。

春小麦垄沟径流集水蓄墒：垄面覆膜有利于作物播前聚水增墒。通常在每年 7 月下旬进行农田起垄，垄高 15~18cm，垄面为拱形面，压实拍光以

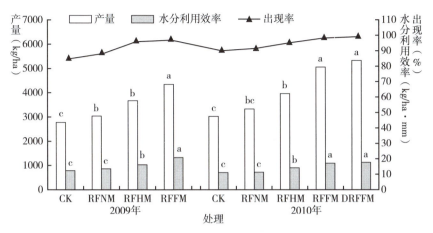

图3 不同垄沟地膜覆盖栽培模式下马铃薯产量和水分利用效率

利径流产生。垄面覆盖地膜保留至来年作物播种直到成熟。集水蓄墒期在种植区耙糖保墒。采取宽带型种植区1.33m，集水区0.67m，垄沟比例为1:2；窄带型种植区0.67m，集水区0.67m，垄沟比例为1:1，可使休闲蓄墒期2m土壤蓄墒率由平作的17.2%提高为35.1%~45.4%（见表6）。

表6 休闲蓄墒期不同处理春小麦种植区集水蓄墒效果

土壤水分变化	平作（对照）	起垄不覆膜		起垄覆膜	
		宽带	窄带	宽带	窄带
起垄前土壤含水量（mm）	175.3	175.3	175.3	175.3	175.3
	206.2	—	—	206.2	206.2
春小麦播前土壤含水量（mm）	220.5	219.8	227.2	249.1	261.3
	218.4	—	—	247.0	267.0
蓄墒期土壤蓄水量（mm）	45.2	44.5	51.9	73.8	86.6
	12.2	—	—	40.8	60.8
蓄墒率（%）	26.1	25.7	30.0	42.6	49.7
	8.3	—	—	27.6	41.1

春玉米垄沟径流集水蓄墒：玉米垄沟径流集水栽培，按常规地膜覆盖垄面（垄面宽 60~70cm 为种植区，垄沟 40~50cm），垄面为拱形，作为集水区，在垄底地膜两边修一小膜槽，在膜槽内打孔点播，称为膜边垄土覆盖法；如果在常规垄面上刮一 W 形双槽，并在垄面覆膜内打孔点播，称为双槽覆盖法。研究表明，垄沟径流集水栽培均比露地栽培土壤含水量高（见表 7）。常规覆膜法较露地土壤含水量高 2.3%，膜边垄土覆膜法较露地土壤含水量高 3.5%，双槽覆膜法较露地土壤含水量高 4.3%，表明采取垄沟径流集水方式栽培玉米，具有接纳有限降水、提高降水利用率、蓄墒保水的作用，有利于玉米生长发育。

表 7　垄沟径流集水栽培玉米与露地玉米土壤含水量

月份	垄沟径流集水栽培玉米土壤含水量（%）			露地玉米土壤含水量（%）
	膜边垄土覆膜	双槽覆膜	常规覆膜	
4	12.04	13.22	11.75	9.35
5	12.63	14.13	11.86	9.36
6	14.19	15.16	12.24	9.94
7	15.24	16.30	12.63	10.53
8	10.96	11.22	10.42	8.12
9	12.46	12.71	11.73	9.54
平均	12.96	13.79	11.77	9.47

作物不同发育期进行适量的补充灌溉：旱作农业区采用集雨设施，根据农作物各生育期的耗水亏损值，进行分阶段、分次补充灌溉。春小麦在分蘖、拔节、孕穗开花期分别一次补灌。地膜玉米拔节期、大喇叭口期、抽穗期应适当加大灌溉量，适当增加大喇叭口期补灌量；在马铃薯孕蕾—开花期、块茎增长期进行补充灌溉，均可获得较高的增产效果。研究表明，在增温 0~0.4℃幅度内，如果水资源充足，可以选择漫灌达到增产的目的。由于水资源短缺，采用滴灌方式最佳，即在增温 0.4~0.8℃幅度内，西北干旱区玉米灌溉模式以滴灌最佳，喷灌次之，漫灌最差（见表 8）（马兴祥等，2014a，2014b）。

表 8　玉米节水灌溉方案和指标

灌溉方式	水文年	灌水时间	产量（千克/亩）	灌溉定额（立方米/亩）	耗水量（立方米/亩）	水分利用效率（千克/立方米）
常规沟灌	湿润年	拔节、大喇叭口、抽雄（吐丝）、灌浆始（灌浆中）	750~900	250	320~355	2.5~2.7
	干旱年	拔节、大喇叭口、抽雄（吐丝）、灌浆始（灌浆中）、乳熟	750~900	280	320~355	2.5~2.7
小畦灌	湿润年	拔节、大喇叭口、抽雄（吐丝）、灌浆始（灌浆中）	750~850	240	333~400	2.1~2.3
	干旱年	拔节、大喇叭口、抽雄（吐丝）、灌浆始（灌浆中）、乳熟	750~850	280	333~400	2.1~2.3
当地畦灌	湿润年	拔节、大喇叭口、吐丝、灌浆始	700~800	300	367~433	1.8~1.9
	干旱年	拔节、大喇叭口、吐丝、灌浆始（灌浆中）	700~800	350	367~433	1.8~1.9
喷灌	湿润年	拔节、大喇叭口、抽雄（吐丝）、灌浆始（灌浆中）	900~1000	190	280~335	3.0~3.2
	干旱年	拔节、大喇叭口、抽雄（吐丝）、灌浆始（灌浆中）、乳熟	900~1000	210	280~335	3.0~3.2
膜下滴灌	湿润年	拔节、大喇叭口、抽雄（吐丝）、灌浆始、乳熟	900~1000	170	275~329	3.0~3.3
	干旱年	拔节、大喇叭口、抽雄（吐丝）、灌浆始（灌浆中）、乳熟	900~1000	200	275~329	3.0~3.3

B.10
附件　研究方法与资料

一　农业气象灾害演变

（一）干旱

由于研究的目的和对象不同，干旱定义和指标也各不相同。降水量明显偏少是致旱的主要原因，本书以分析甘肃省气象干旱发生规律为目的，从气候学角度出发，使用降水距平百分率（Pa）作为衡量干旱程度的主要依据（见表1）：

$$Pa = \frac{R - \bar{R}}{\bar{R}} \times 100\%$$

式中，R 为某年份或某时段降水量（mm），$\bar{R}$ 为该时段多年（1981~2010年）平均降水量（mm）。

表1　甘肃省降水量距平百分率干旱等级划分指标

干旱等级	干旱类型	距平百分率
1	轻旱	$-50\% < Pa \leq -20\%$
2	大旱	$-80\% < Pa \leq -50\%$
3	重旱	$Pa \leq -80\%$

甘肃省河西地区主要是灌溉农业区，降水量对农业生产的影响并不明显；河东地区为雨养农业区，大多数地区气候属于半干旱半湿润气候类型，降水偏少年份对农业生产影响十分明显。分析干旱年时，对甘肃全省（80站）和河东地区（61站）分别进行分析，将时段内干旱站数占总站数的百分比在25%以上的年份确定为区域性干旱年。

干旱是甘肃省最主要的气象灾害，按出现时间划分主要有春旱（3~4月）、春末夏初旱（5~6月）、伏旱（7~8月）和秋旱（9~10月）。

上述气象干旱指标适于对较大区域的气候年景进行分析，对具体地块的农业干旱进行评估还需要结合灌溉条件、作物生长状况、土壤墒情等综合判断。

（二）大风

在气象观测业务中，瞬时风速达到或者超过 17 米 / 秒（或者是目测估计风速达到或者超过 8 级）的风，称为大风。某一日中有大风出现，称为大风日。大风常常与沙尘暴、强降温天气现象相伴发生。

（三）冰雹

冰雹指直径大于 5mm 的圆球形或圆锥形的冰粒，或小如绿豆、黄豆，或大似栗子、鸡蛋，是固体降水的一种。冰雹也叫"雹"，俗称"雹子"。

（四）暴雨

暴雨是指短时间内发生大量降雨的过程，按照气象部门规定，日降雨量在 50mm 及以上的为暴雨；在 100mm 及以上的为大暴雨；在 200mm 及以上的为特大暴雨。甘肃省暴雨出现频次较东部省份偏少，尤其是河西地区极少出现日降雨量在 50mm 及以上的情况。

（五）霜冻

霜冻指温暖季节中空气温度突然下降，地表或作物体表温度骤降为 0℃以下，使农作物损害甚至死亡的现象。地面和物体表面温度低于 0℃且其上有水汽凝结成白色结晶的霜冻称为白霜；水汽含量少没结霜的霜冻称黑霜。白霜和黑霜均可对农作物造成冻害，称霜冻。每年秋季第一次出现的霜冻叫初霜冻，翌年春季最后一次出现的霜冻叫终霜冻。通常，初终霜冻对农作物的影响都较大。甘肃省春季大部分地区气候干燥，通常气温下降为 0℃以下也不见白霜，但农作物则遭受冻害影响，因此当地有"四月八，黑霜杀"之说。

二　农业气象灾损评价

为综合评估某种农业气象灾害的某次灾情导致的作物损失率，构建考虑受灾率、成灾率和绝收率的农业气象灾害综合损失率评估模型，以综合反映农业气象灾害的影响程度：

$$I_1 = (D_1 / A) \times 100\%$$
$$I_2 = (D_2 / A) \times 100\%$$
$$I_3 = (D_3 / A) \times 100\%$$
$$I_A = I_3 \times 99\% + (I_2 - I_3) \times 55\% + (I_1 - I_2) \times 20\%$$

式中，I_1、I_2 和 I_3 分别为某种农业气象灾害的受灾率、成灾率和绝收率（%）；D_1、D_2 和 D_3 分别为某种农业气象灾害的受灾面积、成灾面积和绝收面积（hm^2）；A 为农作物种植面积（hm^2）；I_A 为某种农业气象灾害的综合损失率（%）。

为便于讨论干旱灾害的影响，按照干旱综合损失率将干旱划分为四个等级，即小于 5% 为轻旱、5%~9% 为中旱、10%~14% 为重旱，大于 14% 为特旱，以分析不同年代干旱灾害程度和频次的变化。

三　农业病虫害演变及其影响

采用 1961~2015 年甘肃省农区气象、病虫草鼠害和农作物种植面积等资料，研究气候变化背景下病虫草鼠害发生面积率的变化及其气候影响因子。

（一）资料来源

气象资料取自甘肃气象信息中心，从全省 82 个站点中，剔除高山站、荒漠站、草原站，得到有完整记录的 70 个气象站点。为与病虫草鼠害面积率资料相对应，以近三年平均种植面积之和达到总面积 90% 的县区为主，同时兼顾区域均匀性。如临夏州仅临夏县面积进入前列而入选，北部的永靖、东乡干旱区周边的靖远入选，南部湿润半湿润区的 4 个县面积均较小而康乐相对较大，但康乐气象资料不完整，所以选取南部面积排名第二的和政县。筛选出的各作物代表站点（其中农作物 46 个，小麦 42 个，玉米 36 个，马铃薯 31 个）主要分布于除甘南州外的各市州。农作物 46 个代表站点分布是：河西 10 个，河东 36 个，其中酒泉市（2 个）和临夏州（2 个）站点较少。1981~2015 年的气象资料包括月平均气温、降水量、日照时数、相对湿度等。病虫草鼠害资料来自甘肃省农牧厅植保植检站，包括 1981~2015 年全省农作物病虫草鼠害、小麦病虫害和玉米病虫害发生面积，以及导致的产量损失等。农作物种植面积资料来自甘肃省统计局。

（二）研究方法

统计的气象因子主要有温度（平均、平均最高、平均最低、极端最高、极端最低气温）、降水（降水量，降水日数，小雨、中雨、大雨和暴雨日数）、日照时数、相对湿度及其因子组合，包括年、季、关键时段等气象因子的平均值和距平值。以农区 46 个站点为例，气象因子及病虫草鼠害基准值均采用 1981~2010 年资料计算，气象因子或因子组合（简称因子，下同）距平值的计算方法是，将 x 因子第 i 个站点第 j 年表示为 x_{ij}（$i=1$，2，$\cdots$，46；$j=1$，2，$\cdots$，30），则第 j 年 x 因子的全省平均值计算如下：

$$x_j = \sum_{i=1}^{46} x_{ij} / 46$$

x 因子的 30 年平均值计算如下：

$$\bar{x} = \sum_{j=1}^{30} x_j / 30$$

第 j 年 x 因子的距平计算如下：

$$x_j' = x_j - \bar{x}$$

为消除小麦、玉米种植面积对病虫草鼠害发生面积的影响，根据发生面积率（即当年全省农作物病虫草鼠害发生面积率 = 发生面积 / 种植面积）构建历年病虫草鼠害发生面积率距平序列。同时，在气象因子间做相关分析选取基本因子的基础上，对全省病虫草鼠害发生面积率距平与年、季、关键时段等气象因子或因子组合距平与全省病虫草鼠害进行相关分析。

四 农业气象灾害风险

（一）主要作物成灾面积的农业气象灾害风险

1. 资料来源

甘肃省干旱、风雹、洪涝和霜冻历年受灾面积、成灾面积和农作物播种面积来自《新中国农业 60 年统计资料》（1978~2008 年）和《中国农业统计资料》（2009~2014 年）。

2. 指数确定

农业气象灾害指数包括受灾指数（也称受灾率）和成灾指数（也称成灾率）。受灾指数指农业气象灾害受灾面积与农作物播种面积之比，代表气象灾害对农业生产的影响程度；成灾指数指农业气象灾害成灾面积与受灾面积的比值，反映研究区某一承灾体对农业气象灾害的适应性和恢复力。较低的成灾率反映该地区具有对灾害较强的适应性与恢复力。

$$X_f = \frac{S_f}{S} \times 100\%$$

$$C_f = S_d / S_f$$

式中，X_f 为农业气象灾害的年受灾指数，f 表示某种气象灾害，指数值越大，说明气象灾害影响越大；S_f 为某种农业气象灾害的年受灾面积；S_d 为农业气象灾害的年成灾面积；S 为农作物的年播种面积；C_f 为农业气象灾害的年成灾指数。

3. 研究方法

利用基于信息扩散理论的正态扩散模型，建立农业气象灾害风险评估模型。设农业气象灾害要素的指标论域为：

$$U = \{u_1, u_2, u_3, \cdots, u_n\}$$

式中，u_j 代表区间 $[u_1, u_n]$ 内固定间隔离散得到的任意离散实数值，n 是离散点总数。由于农业气象灾害指数的值域为 $[0, 1]$，考虑计算精度要求，将论域的固定间隔设为 0.01，即风险指标论域 U 为 $\{0, 0.01, 0.02, \cdots, 1\}$。

令 X 为研究区在过去 m 年内风险评估指标的实际观测值样本集合：

$$X = \{x_1, x_2, x_3, \cdots, x_m\}$$

式中，x_i 是观测样本点，m 是观测样本数。

一个单值观测样本 x_i 可以将其所携带的信息扩散给 U 中的所有点，即：

$$f_i(u_j) = \frac{1}{h\sqrt{2\pi}} \exp\left[-\frac{(x_i - u_j)^2}{2h^2} \right]$$

式中，h 是信息扩散系数，因观测样本总数的不同而不同。其解析表达式如下（黄崇福等，2004）：

$$h = \begin{cases} 0.8146 \times (b - a) & m = 5 \\ 0.5690 \times (b - a) & m = 6 \\ 0.4560 \times (b - a) & m = 7 \\ 0.3860 \times (b - a) & m = 8 \\ 0.3362 \times (b - a) & m = 9 \\ 0.2986 \times (b - a) & m = 10 \\ 2.6851 \times (b - a) / (m - 1) & m \geq 11 \end{cases}$$

令 $C_i = \sum_{j=1}^{n} f_i(u_j), i = 1, 2, \cdots, m$

相应的模糊子集的隶属函数为：

$$\mu_{x_i}(u_j) = \frac{f_i(u_j)}{C_i}$$

把 $\mu_{x_i}(u_j)$ 称为样本 x_i 的归一化信息分布。令：

$$q(u_j) = \sum_{i=1}^{m} \mu_{x_i}(u_j)$$

$$Q = \sum_{j=1}^{n} q(u_j)$$

可得：

$$p(u_j) = \frac{q(u_j)}{Q}$$

如此，就可求得样本落在 u_j 处的频率值，可将其作为概率的估计值。超越 u_j 的概率值为：

$$P(u \geq u_j) = \sum_{k=j}^{n} q(u_k) \qquad j = 1, 2, \cdots, n$$

式中，P 为所要求的风险估计值。

历史重现期（T）为：

$$T=1/P$$

（二）主要作物产量的农业气象灾害风险

1. 资料来源

甘肃省各县 1981~2013 年主要农作物（春小麦、冬小麦、玉米、马铃薯和油菜籽）的总产、播种面积和单产资料来源于农业部种植业网（http://www.zzys.gov.cn/）、《新中国农业 60 年统计资料》、《甘肃省农业经济统计年鉴》等。

2. 研究方法

研究采用概率密度函数方法（邓国等，2001），具体计算流程为：

农作物单产（Y）序列可以分解为趋势产量（Y_t）和气象产量（Y_w）：

$$Y = Y_t + Y_w$$

趋势产量可采用正交多项式逼近的方法对单产 Y 进行平滑求取，多项式取 9 项。为反映气象要素对产量的影响强度做相对变换如下：

$$X = Y_w / Y_t$$

由此，气象产量不受历史时期不同农业技术水平的影响，即得到相对气象产量。当实际单产小于趋势产量时，相对气象产量百分率称为"减产率"；反之，称为"增产率"。采用近似解析式来构造相对气象产量序列的概率密

度函数，相对气象产量序列的概率密度函数可表示如下：

$$f(x) = \frac{1}{\sqrt{2\pi}} e^{-\frac{x'^2}{2}} \left[1 + \sum_{n=2}^{\infty} \frac{c_n H_n(x')}{\sqrt{n!}} \right]$$

其中，x' 为正规化的相对气象产量：

$$x' = \frac{x - m_x}{\sigma_x}$$

式中，m_x 为相对气象产量的平均值，σ_x 为相对气象产量的标准差。c_n 可计算如下：

$$c_1 = c_2 = 0$$

$$c_3 = \frac{a_3}{\sqrt{3!}}$$

$$c_4 = \frac{a_4 - 3}{\sqrt{4!}}$$

式中，a_k 为 x' 的 k 阶中心矩。

H_n 的系数取前 8 项，即 $c_1, c_2, c_3, c_4, c_5, c_6, c_7, c_8$ 和 $H_1, H_2, H_3, H_4, H_5, H_6, H_7, H_8$。

从概率密度曲线求取分布函数，以获得某一风险水平的风险概率。采用高斯求积法计算分布函数：

$$F(x) = \int_a^b f(x)dx \approx \sum_{k=1}^{n} B_k f(x_k)$$

区间转换为：

$$x = \frac{b-a}{2}t + \frac{b+a}{2}t$$

根据插值求积公式有：

$$\int_{-1}^{1} \eta(t)dt = \sum_{k=1}^{n} \lambda_{k\eta}(t_k)$$

其中：

$$\lambda_k = \int_{-1}^{1} A_k(t)\, dt$$

$$A_k(t) = \prod_{\substack{j=1 \\ j \neq k}}^{n} \left[(t - t_j) / (t_k - t_j) \right]$$

若 n 个插值结点取勒让德多项式 $\frac{1}{2^n n!} \frac{d^n}{dt^n} \left[(t^2-1)^n \right]$ 在区间 $[-1, 1]$ 上的 n 个零点，则插值求积公式称为高斯求积公式，其代数精确度为 $2n-1$，这里取 $n=5$。

风险概率：

$$P(a < x < b) = \frac{\int_{a}^{b} f(x)dx}{\int_{-\infty}^{+\infty} f(x)dx}$$

主要参考文献

Huang JianPing, Ji MX, Xie YK, Wang SS, He YL, Ran JJ. Global semi-arid climate change over last 60 years, *Climate Dynamics*, 2016, 46.

Huang JianPing, Guan XD, Ji F. Enhanced cold-season warming in semi-arid regions. *Atmos Chem Phys*, 2012, 12.

IPCC. Climate Change 2014: impacts, adaptation and vulnerability. Contribution of Working Group II to the fifth assessment report of the Intergovernmental Panel on Climate Change. Cambridge&New York: CambridgeUniversity Press, 2014.

Li Yu, Gou Xin, Wang Gang, Zhang Qiang, Su Qiong, Xiao Guoju. Heavy metal contamination and source in arid agricultural soil in central Gansu Province, China. *Journal of Environmental Sciences*, 2008, 20 (5).

Li Yu, Li LQ, Zhang Q, Yang YM, Wang HL, Wang RJ, Zhang JH. Influence of temperature on the heavy metals accumulation of five vegetable species in semiarid area of northwest China. *CHEMISTRY AND ECOLOGY*, 2013.

Wang HL, Gan YT, Wang RY, et al. Phenological trends in winter wheat and spring cotton in response to climate changes in northwest China.*Agricultural and Forests Meteorology*, 2008, 148.

Wang RunYuan, Zhang Q, Wang YL, et al. Response of corn to climate warming in arid areas in northwest China. *Acta Botanica Sinica*, 2004.

Yao YuBi, Wang RY, Yang JH, et al. Changes in terrestrial surface dry and wet conditions on the Loess Plateau (China) during the last half century. *Journal of Arid Land*, 2013,5 (1).

Zhao Hong, Wang RY, Ma BL, Xiong YC, Qiang SC, Wang CL, Liu CA, Li FM. Ridge-furrow with full plastic film mulching improves water use efficiency and tuber yields of potato in a semiarid rainfed ecosystem. *Field Crops Research*, 2014, 161.

Zhao Hong, Xiong YC, Li FM, Wang RY, Qiang SC, Yao TF, Mo F. Plastic film mulch for half growing-season maximized WUE and yield of potato via moisturetemperature improvement in a semi-arid agroecosystem. *Agric. Water Manage*. 2012,104.

邓国、王昂生、李世奎等:《风险分析理论及方法在粮食生产中的应用初探》,《自然资源学报》2001 年第 3 期。

邓振镛:《高原干旱气候作物生态适应性研究》,气象出版社,2005。

邓振镛、张强、王强等:《甘肃黄土高原旱作区土壤贮水量对春小麦水分生产力的影响》,《冰川冻土》2011a 年第 2 期。

邓振镛、张强、王强等:《黄土高原旱塬区土壤贮水量对冬小麦产量的影响》,《生态学报》2011b 年第 18 期。

邓振镛、张强、王强等:《高原地区农作物水热指标与特点的研究进展》,《冰川冻土》2012a 年第 1 期。

邓振镛、张强、王润元等:《西北地区特色作物对气候变化响应及应对技术的研究进展》,《冰川冻土》2012b 年第 4 期。

邓振镛、张强、赵红岩:《气候暖干化对西北四省(区)农业种植结构的影响及调整方案》,《高原气象》2012c 年第 2 期。

甘肃省气象志编纂委员会:《甘肃省志·气象志》,甘肃文化出版社,2015。

黄崇福、张俊香、刘静:《模糊信息化处理技术应用简介》,《信息与控制》2004 年第 1 期。

李裕、张强、王润元等:《气候变化对食品安全的影响》,《干旱气象》2010 年第 4 期。

刘德祥、董安祥、陆登荣:《中国西北地区近 43 年气候变化及其对农业生产的影响》,《干旱地区农业研究》2005 年第 2 期。

马兴祥、陈雷、丁文魁等:《灌水量和气温对玉米生物耗水及产量的影响》,《干旱气象》2014a 年第 4 期。

马兴祥、陈雷、王鹤龄等:《灌水量对制种玉米干物质积累及产量性状的影响》,《中国农学通报》2014b年第9期。

莫非、周宏、王建永等:《田间微集雨技术研究及应用》,《农业工程学报》2013年第8期。

强生才、张恒嘉、莫非等:《微集雨模式与降雨变律对燕麦大田水生态过程的影响》,《生态学报》2011年第9期。

山仑、徐萌:《节水农业及其生理生态基础》,《应用生态学报》1991年第1期。

陶健红、王遂缠、王宝鉴等:《中国西北地区气温异常的特征分析》,见王润元主编《中国西北地区农作物对气候变化的响应》,气象出版社,2009。

王鹤龄、王润元、张强:《气候变暖对甘肃省不同气候类型区主要作物需水量的影响》,《中国生态农业学报》2011年第4期。

王鹤龄、王润元、牛俊义:《甘肃马铃薯种植布局对区域气候变化的响应》,《生态学杂志》2012年第5期。

王鹤龄、王润元、牛俊义:《甘肃省旱作区越冬作物对气候暖干化的响应及原因研究》,《冰川冻土》2013a年第5期。

王鹤龄、张强、王润元等:《甘肃省作物布局演变及其对区域气候变暖的响应》,《自然资源学报》2013b年第1期。

王鹤龄、张强、王润元:《增温和降水变化对西北半干旱区春小麦产量和品质的影响》,《应用生态学报》2015年第1期。

王慧莉、田涛、Nudrat Aisha Akram:《旱区农业雨水资源利用与生态系统可持续性——2013年干旱农业与生态系统可持续性国际会议综述》,《生态学杂志》2014年第11期。

王劲松、费晓玲、魏锋:《中国西北近50年来气温变化特征的进一步研究》,《中国沙漠》2008年第4期。

王润元、张强、刘宏谊等:《气候变暖对河西走廊棉花生长的影响》,《气候变化研究进展》2006a年第1期。

王润元、杨兴国、赵鸿等:《半干旱雨养区小麦叶片光合生理生态特征及其对环境的响应》,《生态学杂志》2006b 年第 10 期。

王润元主编《中国西北地区农作物对气候变化的响应》,气象出版社,2009。

王润元、邓振镛、姚玉璧等编著《旱区名特优作物气候生态适应性与资源利用》,气象出版社,2015。

魏育国、蒋菊芳、王鹤龄等:《内陆河流域不同播期对春玉米土壤温度及生物量的影响》,《中国农学通报》2014a 年第 9 期。

魏育国、陈雷、蒋菊芳等:《灌溉方式和播期对地膜春玉米产量和水分利用效率的影响》,《中国农学通报》2014b 年第 6 期。

肖国举、李裕编著《中国西北地区粮食与食品安全对气候变化的响应》,气象出版社,2012。

肖国举、张强编著《气候变化地球会改变什么?》,气象出版社,2013。

熊友才、李凤民编著《气候变化下西北旱区农事技术》,兰州大学出版社,2014。

杨启国:《气候变化对区域社会经济可持续发展的影响及适应性对策研究——以甘肃省为例》,硕士学位论文,兰州大学,2008。

杨泽粟、张强、赵鸿:《黄土高原旱作区马铃薯叶片和土壤水势对垄沟微集雨的响应特征》,《中国沙漠》2014 年第 4 期。

姚玉璧、王润元、杨金虎等:《黄土高原半湿润区气候变暖对冬小麦生育及产量形成的影响》,《生态学报》2012 年第 16 期。

姚玉璧、王瑞君、王润元等:《黄土高原半湿润区气候变化对玉米生长发育及产量的影响》,《资源科学》2013a 年第 11 期。

姚玉璧、王润元、赵鸿等:《黄土高原不同海拔高度气候变化对马铃薯生育脆弱性的影响》,《干旱地区农业研究》2013b 年第 2 期。

张凯、李巧珍、王润元等:《播期对春小麦生长发育及产量的影响》,《生态学杂志》2012a 年第 2 期。

张凯、王润元、李巧珍等:《播期对陇中黄土高原半干旱区马铃薯生长发育及产量的影响》,《生态学杂志》2012b 年第 9 期。

张凯、冯起、王润元等:《CO_2浓度升高对春小麦灌浆特性及产量的影响》,《中国农学通报》2014年第3期。

张凯、王润元、冯起等:《模拟增温和降水变化对半干旱区春小麦生长及产量的影响》,《农业工程学报》2015a年第1期。

张凯、王润元、王鹤龄等:《田间增温对半干旱区春小麦生长发育和产量的影响》,《应用生态学报》2015b年第9期。

张凯、王润元、王鹤龄等:《增温对半干旱区春小麦田间水分特征的影响》,《干旱气象》2015c年第1期。

张谋草、赵玮、邓振镛等:《分期播种对陇东地区玉米产量的影响及适宜播期分析》,《中国农学通报》2011年第33期。

张强、张存杰、白虎志等:《西北地区气候变化新动态及对干旱环境的影响——总体暖干化,局部出现暖湿迹象》,《干旱气象》2010年第1期。

张强、王润元、邓振镛等编著《中国西北干旱气候变化对农业与生态影响及对策》,气象出版社,2012。

张强主编《环境蠕变与干旱环境》,中国出版集团现代教育出版社,2006。

赵鸿、孙国武:《环境蠕变对农业病虫草鼠害的潜在影响》,《干旱气象》2004年第1期。

赵鸿、孙国武、王润元等:《二十年来甘肃省河东地区小麦蚜虫的发生规律与气候波动的关系探析》,《地球科学进展》2005年第20卷,特刊。

赵鸿、肖国举、王润元等:《气候变化对半干旱雨养农业区春小麦生长的影响》,《地球科学进展》2007a年第3期。

赵鸿、王润元、王鹤龄等:《西北干旱半干旱区春小麦生长对气候变暖响应的区域差异》,《地球科学进展》2007b年第6期。

赵鸿、何春雨、李凤民等:《气候变暖对高寒阴湿雨养农业区春小麦生长发育和产量的影响》,《生态学杂志》2008年第12期。

赵鸿、李凤民、熊友才等:《西北干旱区不同海拔高度地区气温变化对春小麦生长的影响》,《应用生态学报》2009年第4期。

赵鸿、王润元、王鹤龄等:《半干旱雨养区苗期土壤温湿度增加对马铃薯生物量积累的影响》,《干旱气象》2013 年第 2 期。

周宏、张恒嘉、莫非等:《极端干旱条件下燕麦垄沟覆盖系统水生态过程研究》,《生态学报》2014 年第 7 期。

❖ 皮书起源 ❖

"皮书"起源于十七、十八世纪的英国,主要指官方或社会组织正式发表的重要文件或报告,多以"白皮书"命名。在中国,"皮书"这一概念被社会广泛接受,并被成功运作、发展成为一种全新的出版形态,则源于中国社会科学院社会科学文献出版社。

❖ 皮书定义 ❖

皮书是对中国与世界发展状况和热点问题进行年度监测,以专业的角度、专家的视野和实证研究方法,针对某一领域或区域现状与发展态势展开分析和预测,具备原创性、实证性、专业性、连续性、前沿性、时效性等特点的公开出版物,由一系列权威研究报告组成。

❖ 皮书作者 ❖

皮书系列的作者以中国社会科学院、著名高校、地方社会科学院的研究人员为主,多为国内一流研究机构的权威专家学者,他们的看法和观点代表了学界对中国与世界的现实和未来最高水平的解读与分析。

❖ 皮书荣誉 ❖

皮书系列已成为社会科学文献出版社的著名图书品牌和中国社会科学院的知名学术品牌。2016年,皮书系列正式列入"十三五"国家重点出版规划项目;2012~2016年,重点皮书列入中国社会科学院承担的国家哲学社会科学创新工程项目;2017年,55种院外皮书使用"中国社会科学院创新工程学术出版项目"标识。

中国皮书网

发布皮书研创资讯，传播皮书精彩内容
引领皮书出版潮流，打造皮书服务平台

栏目设置

关于皮书：何谓皮书、皮书分类、皮书大事记、皮书荣誉、
皮书出版第一人、皮书编辑部

最新资讯：通知公告、新闻动态、媒体聚焦、网站专题、视频直播、下载专区

皮书研创：皮书规范、皮书选题、皮书出版、皮书研究、研创团队

皮书评奖评价：指标体系、皮书评价、皮书评奖

互动专区：皮书说、皮书智库、皮书微博、数据库微博

所获荣誉

2008年、2011年，中国皮书网均在全国新闻出版业网站荣誉评选中获得"最具商业价值网站"称号；

2012年，获得"出版业网站百强"称号。

网库合一

2014年，中国皮书网与皮书数据库端口合一，实现资源共享。更多详情请登录www.pishu.cn。

权威报告·热点资讯·特色资源

皮书数据库
ANNUAL REPORT(YEARBOOK)
DATABASE

当代中国与世界发展高端智库平台

所获荣誉

- 2016年，入选"国家'十三五'电子出版物出版规划骨干工程"
- 2015年，荣获"搜索中国正能量 点赞2015""创新中国科技创新奖"
- 2013年，荣获"中国出版政府奖·网络出版物奖"提名奖
- 连续多年荣获中国数字出版博览会"数字出版·优秀品牌"奖

成为会员

通过网址www.pishu.com.cn或使用手机扫描二维码进入皮书数据库网站，进行手机号码验证或邮箱验证即可成为皮书数据库会员（建议通过手机号码快速验证注册）。

会员福利

- 使用手机号码首次注册会员可直接获得100元体验金，不需充值即可购买和查看数据库内容（仅限使用手机号码快速注册）。
- 已注册用户购书后可免费获赠100元皮书数据库充值卡。刮开充值卡涂层获取充值密码，登录并进入"会员中心"—"在线充值"—"充值卡充值"，充值成功后即可购买和查看数据库内容。

社会科学文献出版社 皮书系列
SOCIAL SCIENCES ACADEMIC PRESS (CHINA)

卡号：693937447178
密码：

数据库服务热线：400-008-6695
数据库服务QQ：2475522410
数据库服务邮箱：database@ssap.cn
图书销售热线：010-59367070/7028
图书服务QQ：1265056568
图书服务邮箱：duzhe@ssap.cn

S子库介绍
ub-Database Introduction

中国经济发展数据库

　　涵盖宏观经济、农业经济、工业经济、产业经济、财政金融、交通旅游、商业贸易、劳动经济、企业经济、房地产经济、城市经济、区域经济等领域，为用户实时了解经济运行态势、把握经济发展规律、洞察经济形势、做出经济决策提供参考和依据。

中国社会发展数据库

　　全面整合国内外有关中国社会发展的统计数据、深度分析报告、专家解读和热点资讯构建而成的专业学术数据库。涉及宗教、社会、人口、政治、外交、法律、文化、教育、体育、文学艺术、医药卫生、资源环境等多个领域。

中国行业发展数据库

　　以中国国民经济行业分类为依据，跟踪分析国民经济各行业市场运行状况和政策导向，提供行业发展最前沿的资讯，为用户投资、从业及各种经济决策提供理论基础和实践指导。内容涵盖农业，能源与矿产业，交通运输业，制造业，金融业，房地产业，租赁和商务服务业，科学研究，环境和公共设施管理，居民服务业，教育，卫生和社会保障，文化、体育和娱乐业等100余个行业。

中国区域发展数据库

　　对特定区域内的经济、社会、文化、法治、资源环境等领域的现状与发展情况进行分析和预测。涵盖中部、西部、东北、西北等地区，长三角、珠三角、黄三角、京津冀、环渤海、合肥经济圈、长株潭城市群、关中—天水经济区、海峡经济区等区域经济体和城市圈，北京、上海、浙江、河南、陕西等34个省份及中国台湾地区。

中国文化传媒数据库

　　包括文化事业、文化产业、宗教、群众文化、图书馆事业、博物馆事业、档案事业、语言文字、文学、历史地理、新闻传播、广播电视、出版事业、艺术、电影、娱乐等多个子库。

世界经济与国际关系数据库

　　以皮书系列中涉及世界经济与国际关系的研究成果为基础，全面整合国内外有关世界经济与国际关系的统计数据、深度分析报告、专家解读和热点资讯构建而成的专业学术数据库。包括世界经济、国际政治、世界文化与科技、全球性问题、国际组织与国际法、区域研究等多个子库。

法 律 声 明

　　"皮书系列"（含蓝皮书、绿皮书、黄皮书）之品牌由社会科学文献出版社最早使用并持续至今，现已被中国图书市场所熟知。"皮书系列"的LOGO（▨）与"经济蓝皮书""社会蓝皮书"均已在中华人民共和国国家工商行政管理总局商标局登记注册。"皮书系列"图书的注册商标专用权及封面设计、版式设计的著作权均为社会科学文献出版社所有。未经社会科学文献出版社书面授权许可，任何使用与"皮书系列"图书注册商标、封面设计、版式设计相同或者近似的文字、图形或其组合的行为均系侵权行为。

　　经作者授权，本书的专有出版权及信息网络传播权为社会科学文献出版社享有。未经社会科学文献出版社书面授权许可，任何就本书内容的复制、发行或以数字形式进行网络传播的行为均系侵权行为。

　　社会科学文献出版社将通过法律途径追究上述侵权行为的法律责任，维护自身合法权益。

　　欢迎社会各界人士对侵犯社会科学文献出版社上述权利的侵权行为进行举报。电话：010－59367121，电子邮箱：fawubu@ ssap. cn。

社会科学文献出版社